丛书策划

叶国盛（武夷学院）

陈　平（武夷学院）

魏定榔（宁德师范学院）

张美玲（福建华南女子职业学院）

骆一峰（福建教育出版社）

福建茶文化十讲

张渤　叶国盛 ◎ 主编

海峡出版发行集团｜福建教育出版社

图书在版编目（CIP）数据

福建茶文化十讲/张渤，叶国盛主编. —福州：福建教育出版社，2025.6. —（知不足）. —ISBN 978-7-5758-0157-7

Ⅰ.TS971.21

中国国家版本馆CIP数据核字第202461B97J号

知不足
Fujian Chawenhua Shijiang

福建茶文化十讲

张渤　叶国盛　主编

出版发行	福建教育出版社
	（福州市梦山路27号　邮编：350025　网址：www.fep.com.cn）
	编辑部电话：0591-83763503
	发行部电话：0591-83721876　87115073　010-62024258
出 版 人	江金辉
印　　刷	福建建本文化产业股份有限公司
	（福州市仓山区红江路6号浦上工业园C区17号楼三层）
开　　本	710毫米×1000毫米　1/16
印　　张	19
字　　数	255千字
版　　次	2025年6月第1版　2025年6月第1次印刷
书　　号	ISBN 978-7-5758-0157-7
定　　价	88.00元

如发现本书印装质量问题，请向本社出版科（电话：0591-83726019）调换。

本书编委会

主　编：张　渤　叶国盛

副主编：王　丽　侯大为　圣　键

参　编（按姓氏笔画排序）：

卢　燕　冯　花　华杭萍　杜茜雅　李心玥

肖腾香　张美玲　陈　思　陈泓蓉　陈潇敏

陈薇薇　林燕萍　赵宇欣　黄巧敏　赖江坤

蔡少辉　潘一斌

主编简介

张渤 副研究员，现任武夷学院教师工作部（人事处）部长（处长）、武夷茶学院院长、圣农食品学院院长，兼任福建省高校产业学院发展联盟理事长、2011中国乌龙茶产业协同创新中心管委会副主任。主要从事茶学专业人才培养、茶树种质资源评价与利用、乌龙茶加工与品质、茶文化与经济等方面的研究与管理工作。先后主持多项省市级创新平台和项目，主编《武夷岩茶》《武夷红茶》《武夷茶种》《武夷茶路》《宋代点茶文化与艺术》等专著；曾获福建省高等教育教学成果特等奖、福建省科技进步三等奖。

叶国盛 任教于武夷学院茶与食品学院，国家一级评茶师，中国国际茶文化研究会学术委员，武夷山市茶叶专家人才库（茶文化艺术型）成员。发表茶文化相关论文十余篇，出版《武夷茶文献辑校》《中国古代茶文学作品选读》《学茶入门》《茶经导读》《宋代点茶文化与艺术》、"茶人丛书"系列等著作。

副主编简介

王丽 国家一级茶艺技师，福建省技术能手，国家高级茶艺师考评员，南平市茶艺技能大师，武夷山市茶叶专家人才库（茶文化艺术型）成员，全国大学生茶艺大赛"优秀指导老师"。主要从事茶艺与茶文化、茶叶资源综合利用等相关研究。指导大学生茶艺职业技能大赛获奖30余项。主编《茶艺学》教材。曾获全国茶艺职业技能竞赛福建选拔赛（教师组）第一名、全国茶艺总决赛银奖。

侯大为 副教授，武夷学院茶与食品学院茶学系主任，国家一级评茶师，从事茶文化经济与资源利用方面的教学与研究。主编《武夷茶路》，参编2010、2011、2012年度《中国茶产业发展蓝皮书》，发表论文20余篇。曾获福建省科技进步三等奖、福建省高等教育教学成果特等奖。主讲"茶叶市场与贸易""茶学概论""文化产业概论""制茶实践"等课程。

圣键 毕业于江西师范大学，主要从事茶叶市场研究、品牌建设与管理工作。担任福建省茶产业标准化技术委员会观察员、福建省品牌建设标准化技术委员会观察员、福建商学院会展与传媒学院客座教授、武夷学院茶与食品学院校外导师。先后在综合性传媒机构十方控股、互联网全域营销公司华扬联众等上市公司及多家品牌茶业企业任职。

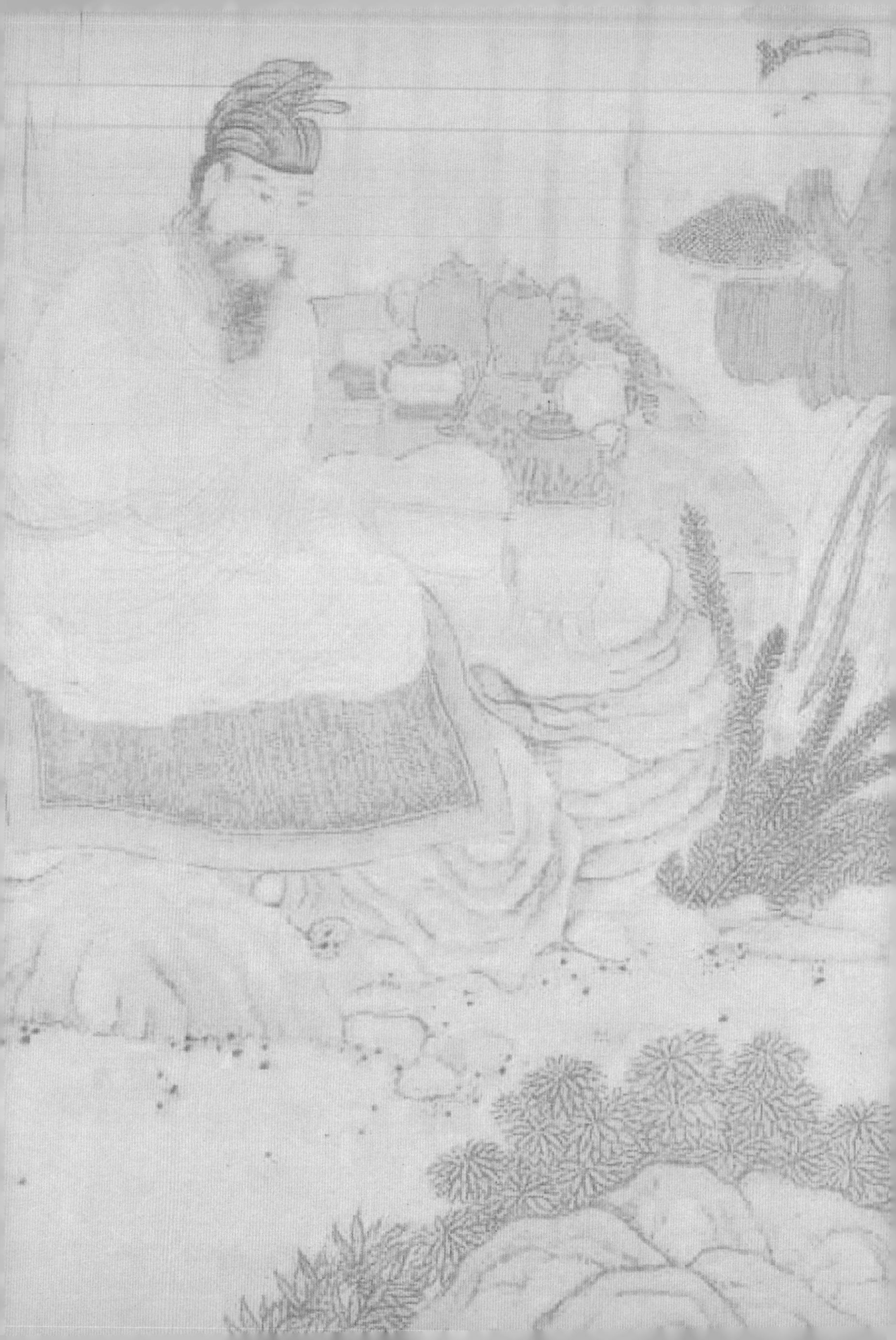

前　言

　　福建地处宜茶地带,特殊的气候与地理环境使得这里茶树种质资源优异,是中华大地云贵川之外的又一个茶树种质资源基因库。唐有记载,闽茶之方山露芽已为贡品。宋有建州北苑贡茶冠绝华夏,多种茶书、千百诗篇因它而写作、吟咏。明清之时制茶技艺独步天下,乌龙茶、红茶、白茶、花茶首创于此,特别是乌龙茶制作技艺使得福建茶叶品质得到了极大的提升,香气与滋味愈加芬馥、醇厚,独树一帜,并进入了名茶行列。万里茶道、海上茶叶之路始于福建,多品类闽茶参与东西方贸易,漂洋过海,影响了西人的生活方式。民国时期,当时全国规模最大的国营茶厂福建示范茶厂、中国第一个茶叶研究所中央财政部贸易委员会茶叶研究所设立于武夷山,一大批茶叶专家诸如吴觉农、张天福、庄晚芳、陈椽、王泽农、李联标、蒋芸生、庄任、林馥泉、吴振铎、廖存仁等在此工作,为华茶复兴作出卓越的贡献,中国近代茶叶走上科学之路。郭元超、林桂镗、林心炯、姚月明、叶延庠、陈清水、吴秋儿、叶宝存等茶叶专家接力前行,福建茶人精神生生不息。

　　2021年3月22日,习近平总书记在福建武夷山考察调研,指出:"武夷山这个地方物华天宝,茶文化历史久远,气候适宜、茶资源优势明显,又有科技支撑,形成了生机勃勃的茶产业。……过去茶产业是你们这里脱贫攻坚的支柱产业,今后要成为乡村振兴的支柱产业。要统筹做好茶文化、茶产业、茶科技这篇大文章,坚持绿色发展方向,强化品牌意识,优化营销流通环境,打牢乡村振兴的产业基础。"这为当今中国茶产业的发展指明了方向。目前,福建茶业蓬勃发展,毛茶单产、茶树良种普及率、全产业链产值、出口金额增速均居全国第一。2022年，中国传统制茶技艺及其相关习俗入选联合国教科文组织人类非物质文化遗产代表作名录，而福建就占所有44项中的6项，贡献了闽茶"方案"与闽人智慧。

面对浩博的福建茶文化经纬，我们条分缕析，斟酌打磨，试图以一个通识读本向读者介绍之。《福建茶文化十讲》注重理论与实践，多维度阐释福建茶文化的面貌与内涵，分福建茶业简史、福建名茶文化、福建饮茶文化与艺术、福建茶与健康、福建民间茶俗、福建茶人及其精神、福建茶叶典籍、福建茶文学、福建茶文化旅游、福建茶文化传播等篇章，或以点带面、以小见大，观照福建茶文化之重要特色；或采用"互见"的写作思路，即同一内容分见数篇，但写作重点与角度有别，以呈现更为丰富立体的福建茶文化。

全书由张渤、叶国盛主编，拟定编写大纲、统稿以及整理插图，王丽、侯大为、圣键副主编。具体分工如下：赖江坤编写第一讲，陈潇敏、圣键、赵宇欣、陈泓蓉、叶国盛、卢燕、李心玥、华杭萍、林燕萍编写第二讲，王丽、陈薇薇、张美玲编写第三讲，潘一斌、叶国盛编写第四讲，蔡少辉、王丽、黄巧敏编写第五讲，陈思、肖腾香编写第六讲，杜茜雅编写第七讲，叶国盛编写第八讲，叶国盛、冯花、华杭萍编写第九讲，叶国盛、侯大为编写第十讲。我们期待《福建茶文化十讲》的推出能够以更新颖、更全面的视角，观察福建茶文化之于当下茶产业、茶科技与茶生活的影响与意义；并抛砖引玉，期待更多学者推出关于福建茶文化的著作，以深入挖掘其深厚底蕴，发挥其独特价值。

福建茶文化内容宽广，相关理论建设有待加强，尚有众多的遗逸待挖掘。尽管黾勉为之，书中不妥未尽之处仍不可避免，恳请专家和广大读者赐教。

目 录

第一讲　福建茶业简史

一、唐宋时期闽茶的"贵族时代" …………………… 2

二、元明时期闽茶的"饮在百姓家" ………………… 8

三、近代福建茶业的治乱兴衰 ………………………… 12

四、新中国福建茶业的走向复兴 ……………………… 28

第二讲　福建名茶文化

一、福建茶区及其茶树种质资源 ……………………… 36

二、非遗与福建制茶技艺 ……………………………… 51

三、福建溪茶与山茗 …………………………………… 59

第三讲　福建饮茶文化与艺术

　　一、来试点茶三昧手：宋代茶事风雅 …………………… 91

　　二、一杯啜尽一杯添：工夫茶文脉 …………………… 101

　　三、烹之有方饮有节：闽茶品饮之道 …………………… 111

第四讲　福建茶与健康

　　一、"茶为药用"的闽地生活志 …………………… 129

　　二、茶的黄金元素——茶叶功能性成分及功效 ………… 136

　　三、福建茶的健康密码 …………………… 140

　　四、茶的立体康养价值与科学饮茶 …………………… 143

第五讲　福建民间茶俗

　　一、婚嫁祭祀与时令年节中的福建茶 …………………… 148

　　二、客家擂茶——茶叶杂饮之一端 …………………… 155

　　三、八闽茶神信仰 …………………… 158

第六讲　福建茶人及其精神

一、从茶籽到茶汤 …………………………………… 164

二、闽台茶业津梁 …………………………………… 174

三、茶人精神见闽人智慧 …………………………… 178

第七讲　福建茶叶典籍

一、北苑贡茶的书写 ………………………………… 181

二、一本崇安县令的读书笔记——《续茶经》 …… 186

三、民国茶学家的调查研究 ………………………… 192

四、当代闽茶书单 …………………………………… 198

第八讲　福建茶文学

一、酬唱龙团凤饼 …………………………………… 202

二、风土的吟咏：竹枝词中的武夷茶 ……………… 211

三、文人诗歌与闽茶谱系 …………………………… 220

第九讲　福建茶文化旅游

一、茶史遗迹怀古 ················· 233

二、茶山里的林泉雅志 ············· 241

三、迨然茶空间指南 ··············· 248

第十讲　福建茶文化传播

一、制茶技术的南北传播 ··········· 256

二、万里茶道起点 ················· 263

三、闽茶侨销的古早乡味 ··········· 274

参考文献 ························· 281

第一讲　福建茶业简史

千年福建茶史大致历经了寺庙禅茶、宫廷贡茶、民间散茶和出口外销茶等四大历史发展阶段，在传播影响上实现了从地方到中央、从宫廷到民间、从中国到海外的内涵变迁。有据可证的福建最早名茶为唐代福州"方山露芽"，初为寺庙僧侣禅修饮品，后成为贡茶，遂得以名留史册；五代十国时期建州（治所在今福建省建瓯市）北苑茶兴起，在宋代声名冠绝华夏，北苑"龙凤团茶"更是千金难得；元代北苑茶衰而武夷茶兴，御茶园设于武夷九曲溪畔，贡茶名品石乳留香；明代废团茶改散茶，建州贡茶之名逐渐暗淡，民间茶业兴起，茶叶开始成为福建百姓日常生活饮品，乌龙茶、红茶横空出世，改变了中国茶叶的类别格局。清朝中期"海禁"大开，以武夷茶为代表的福建茶逐渐成为中西贸易的主角，直至五口通商时期达到巅峰，19世纪80年代后印度、锡兰（今斯里兰卡）茶叶勃兴，福建茶叶对外贸易骤衰，引发社会各界的忧虑。民国建立，福建茶叶对外贸易衰败日剧，1935年后，福建省政府开始尝试实施有利福建茶业改良与复兴的方针政策，促成茶业职业教育、茶业改良场的兴起，但在全民族抗战爆发后，政策受阻，1941年底，福建茶业终在太平洋战争爆发后彻底陷于崩溃境地，此后直到新中国成立后福建茶业才重新走上复兴之路。

一、唐宋时期闽茶的"贵族时代"

清代顾炎武在《日知录》中有言:"自秦人取蜀而后,始有茗饮之事。"从古茶树在云贵川地区的广泛分布,茶树品种遗传学的研究,以及历代茶书史籍关于先秦时期饮茶的丰富记载等,饮茶发源于中国西南地区已被学界广泛证实,可知顾炎武断言大体符合事实。因之,中国茶饮始于先秦时期的西南地区,伴随中原王朝的兼并战争和版图扩张,茶树种植、茶叶制作、饮茶风尚自西向东,由西南至东南,逐步传播至长江南北,最终在当代形成了江北茶区、江南茶区、华南茶区和西南茶区的中国茶叶产区分布格局。

福建茶叶之源亦在中国西南地区毋庸置疑,但最早于何时何地由何人传入已难以考证,目前关于福建茶之最早记载出自唐代陆羽的《茶经》:"其恩、播、费、夷、鄂、袁、吉、福、建、泉、韶、象十二州未详,往往得之,其味极佳。"《唐国史补》亦有"福州有方山之生芽"的记载,可知最迟在唐代初年,福建茶种植已经初具规模,并在全国享有一定的声誉。魏晋时期,在如今的江苏、浙江等长江中下游地区已经形成名茶产区,各种茶种品类繁多,饮茶在贵族士大夫之中蔚然成风,该时期历史文献虽还未有关于福建茶的记载,但大概率此时福建已有茶树种植和饮茶之事。因为魏晋南北朝300余年中原战乱频发,北方世家大族被迫不断南迁,尤其是"永嘉之乱"后的"衣冠南渡",大量中原世族迁居入闽,并将他们原有的生活习俗一并带入闽地,故可推知茶叶于此时已传入福建,如此方能解释唐代初年福州、建州已成为名茶产地之缘由。

（一）唐代：方山露芽初露锋芒

隋文帝杨坚结束魏晋南北朝大分裂大动乱的时代，建立隋朝，华夏重归统一。继之而起的唐朝更是延续近300年的大一统王朝，在唐朝前中期社会稳定、经济发展、文化繁荣的时代背景下，福建茶也开始崭露头角。中国第一部茶书《茶经》在唐代问世，陆羽详细介绍了唐代中国茶叶的历史源流、名茶区划、产制技术以及饮茶方式，提及了福州、建州、泉州之茶，可知福建茶在唐代也开始占有一席之地。唐代福建茶首推福州方山露芽茶。方山露芽茶得以作为上贡皇家的珍品，位列唐代二十五种名茶之一，成为名噪一时的佳茗，与福州方山院的一位僧侣与皇帝结缘有关。

据宋代梁克家《淳熙三山志》记载，唐宪宗元和年间，宪宗皇帝诏见福州方山院僧人怀恽讲说佛法，席间赐茶，怀恽饮茶后感叹："此茶不及方山茶佳。"怀恽的极力盛赞并非信口雌黄，方山露芽茶确实

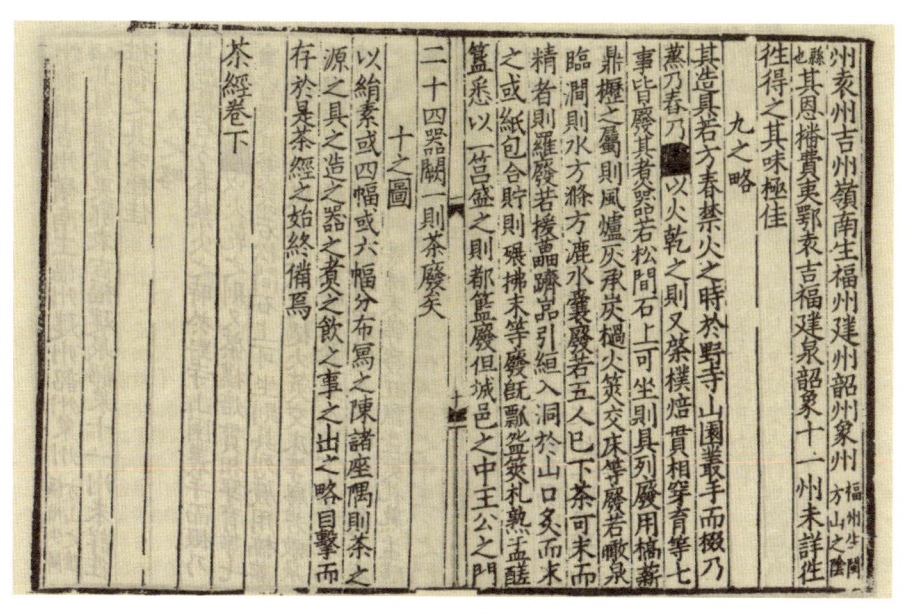

〔唐〕陆羽《茶经》书影（中华再造善本）

品质优异，其时作为方山院僧侣日常禅修时必备的饮品，深得寺庙僧侣的青睐，禅茶一味。随后皇室贵胄兴起争相品饮方山露芽的风尚，遂有方山露芽起初埋没于福州一座名不见经传的小山，从寺庙禅茶到大唐宫廷尊贵御饮的华丽转变，一时获得享誉天下的美名，也由此结束了福建茶叶在史册中难觅踪迹的窘境。

随着晚唐宦官专权与军阀割据的加剧，社会生产生活遭到极大破坏，尤其是唐末黄巢起义更是直接兵祸福建，福建茶业的生产也因之被摧残而日渐萧条。此后直到王氏入闽，割据福建，王审知选任良吏，宽刑薄赋，与民休息，鼓励农垦，倡导植茶，"三十年间，一境晏然"，福建茶业方得以恢复和发展，此时期建州一境的山民"厥植惟茶"，大力垦荒植茶，焙制茶叶。五代十国时期的福建茶业迎来跨越式发展，随着以北苑贡茶为代表的建州茶横空出世，福建茶开始在中国茶史上留下浓墨重彩的一笔，由此肇启了冠绝华夏独领风骚数百年的福建茶史篇章。

谈及唐末五代建州茶的勃兴，除了王审知治闽有方、提倡植茶的因素之外，还与被后世尊为"茶神"的张廷晖有密切的联系。张廷晖生于唐天复三年（903），幼年时随祖父张世表在建瓯凤凰山一带开荒种茶。经祖孙三代艰辛经营开拓，待张廷晖继承时已有方圆数十里的茶山。王审知治闽时，张氏茶产业蒸蒸日上，但随着王审知逝后诸子为争夺王位内战不断，建州多次横遭兵祸，以致民不聊生，张廷晖经营茶业也愈发艰难。转机出现于公元933年闽王王延钧称帝，张廷晖借机以祝贺之名将凤凰山一带的三十里茶园悉数献与王延钧，王延钧本就嗜好饮茶，得之大喜，遂将之设为专供皇室的御茶园，并敕封张廷晖为"阁门使"，命其专职经营御茶园，定期制成贡茶。凤凰山御茶园因地处闽国之北，故被称为"北苑"，北苑贡茶之名即源于此。

南唐历代皇帝也对北苑贡茶颇为青睐，公元945年南唐灭闽之后，次年南唐嗣主李璟即命令建州制作"的乳茶"，号称"京挺""蜡茶"之贡；后主李煜甚至派遣擅长制茶的"北宫苑史"前往建州设立专制贡茶的"龙焙"，以求提高北苑贡茶的质量，可见南唐皇室对北苑贡茶的钟爱。五代十国时期，闽国及南唐多位帝王的青睐，为宋代北苑贡茶的誉冠天下奠定了基础。

（二）宋代：北苑贡茶冠绝华夏

开宝八年（975），北宋灭南唐之后，继续在北苑设置御茶园，派遣官员督造"龙焙"贡茶，南宋、元、明等朝代循例继续设置。据宋代宋子安《东溪试茶录》记载，此时有官焙三十八处，官私焙一千三百六十余处。北苑贡茶自此迎来持续数百年名冠天下的荣光，从声誉、品质、工艺和影响等多个方面都代表了古代福建茶叶制作的最高水平。

北宋时期丁谓和蔡襄对北苑贡茶制造工艺的精进和声誉的提升起到了重要作用。太平兴国二年（977），宋太宗开始派遣官员监制北苑贡茶，此时期负责监制北苑贡茶的丁谓深谙茶理，首创"龙凤团茶"，备受宋太宗赞誉。丁谓还撰《北苑茶录》详细介绍北苑贡茶产制之始末，此书恰如宣传广告册，一时令北苑茶声誉倍增，成为皇帝赏赐皇亲重臣的珍品。据宋代熊蕃《宣和北苑贡茶录》："杨文公亿《谈苑》所记，龙茶以供乘舆即皇帝及赐执政、亲王、长主，其余皇族、学士、将帅皆得凤茶，舍人、近臣赐京铤、的乳；而白乳赐馆阁。"在宋太宗的授意下，丁谓通过富有创造性的外观设计，加之严格品质定级，制成各种不同品类等级的北苑茶，进一步提升了北苑茶的价值和稀缺性，引得北宋朝野上下争相追捧，此不啻为古代中国茶叶品牌设计的一大典范。

"君不见，武夷溪边粟粒芽，前丁后蔡相笼加。"丁谓之后，宋仁宗庆历年间的北苑贡茶监制官蔡襄，对丁谓"龙凤团茶"进一步精制，制造出更加小巧精美的"小龙凤团茶"。熙宁年间的福建转运使贾青将"小龙凤团茶"中的精品者称为"密云龙"，直接将北苑贡茶的制造工艺和价值推向巅峰，宋仁宗视若珍宝，重臣也难获赏赐。据宋代王辟之《渑水燕谈录》载："仁宗尤所珍惜，虽宰相未尝辄赐。惟郊礼致斋之夕，两府各四人，共赐一饼。宫人剪金为龙凤花贴其上，八人分蓄之。以为奇玩，不敢自试，有佳客，出为传玩。""密云龙"之所以珍贵，与其品质优异和产量稀缺有直接关系。据宋代周煇《清波杂志》载："淳熙间，亲党许仲启官麻沙，得《北苑修贡录》，序以刊行。其间载岁贡十有二纲，凡三等，四十有一名。第一纲曰'龙焙贡新'，止五十余夸，贵重如此，独遗所谓'密云龙'。岂以'贡新'易其名，或别为一种，

〔宋〕 佚名《斗茶图》

又居'密云龙'之上耶？"上有所好，下必甚焉！当时士大夫都以获得"密云龙"为殊荣，欧阳修、苏轼等文人墨客纷纷吟诗称颂，一时咏赞北苑茶的诗篇涌现，铸就了古代福建茶文化最浓墨重彩的篇章。

自唐建中四年（783）唐德宗开征茶税，至唐文宗推行"榷茶"法，不允许民间私制贩卖茶叶，唐政府企图尽收茶业之利，对茶户茶商无所不用其极地压榨，于是引发"百姓怨恨，诟骂之，投瓦砾以击"（《旧唐书·王涯传》）。五代时期也大抵如此，《东溪试茶录》有载："自南唐，岁率六县民采造，大为民间所苦。"北苑茶精品不断，帝王将相士大夫趋之若鹜的背后是无数被残酷剥削的茶农茶户之悲鸣。宋代茶政沿袭唐制，唐代茶政已是苛重，宋代则变本加厉，进一步加强"榷茶"制度，规定："采茶之民皆隶焉，谓之园户。""榷茶"完全成为满足统治阶级私欲和敛财的工具，茶农茶商苦不堪言。

北宋初年律法甚至规定："官既榷茶，民私蓄盗贩皆有禁，腊茶（即福建的片茶）之禁又严于他茶，犯者其罪尤重……园户困于征取，官司并缘侵扰，因陷罪戾至破产逃匿者，岁比有之。"（《宋史·食货志下·茶下》）严禁私茶无异于断绝茶区百姓的生计，为求生存，走私贩卖茶叶者屡禁不绝，众多私贩茶叶者常自备武器，随时准备武装反抗官军，走投无路者甚或揭竿而起，朝廷称之为"茶寇"。如南宋建炎二年（1128），建州叶浓、杨勃先后发动茶农起义，闽北震动，该年北苑茶生产遭遇梗阻，宋廷不得不下令罢贡。据宋代李心传《建炎以来朝野杂记》记载："建茶岁产九十五万斤。"如此巨大产量的背后，不仅有南宋时期建州茶的兴盛繁荣，也隐含着无数被压迫剥削的茶农茶户的血汗。评价宋代北苑贡茶的成就不能只看到王侯将相咏赞的诗篇华章，而应认识到无数被历史记载忽视的辛勤劳动人民才是北苑贡茶的真正创造者。

二、元明时期闽茶的"饮在百姓家"

（一）元代：北苑贡茶最后的余晖

宋元改朝换代之际，战乱连连，北苑惨遭多次战祸摧残，待元朝华夏统一，天下安定之后，北苑御茶园已残破不堪，但于元大德四年（1300）前后撰成的王祯《农书》仍认为："闽、浙、蜀、江湖、淮南皆有之，惟建溪北苑所产为胜。"而随着大德六年元成宗下诏废置北苑御茶园，将北苑御茶降格为地方官焙，改于崇安县（治所在今福建省武夷山市）武夷山九曲溪边营建御茶园，北苑茶遂逐渐走向了颓败。清代蒋蘅在《记十二观》中有言："元时武夷兴而北苑渐废。"从茶区范围上，武夷茶本就是北苑茶的组成部分，北苑茶区范围从建瓯延伸到闽北建溪流域的各县，包括崇安、政和、建阳、松溪等。可

武夷山元代御茶园遗址

见武夷茶也是广义上的北苑茶，只是随着武夷御茶园建立之后，贡茶之权转移至武夷山，北苑茶的核心区域也从建瓯一带转移到了武夷山，武夷茶继承北苑茶之名，延续北苑茶的荣光，成为元明时期福建茶叶的代表。

武夷御茶园效仿北苑产制"龙凤团茶"，开始数量仅有数斤，而随着元廷对武夷贡茶需求的增加，泰定五年（1328），崇安县令在原有茶园的左右两侧各建多处制茶作坊，悬挂"茶场"匾额。茶场建有"仁风门""清神堂""焙芳亭""浮光亭""宴嘉亭"等建筑，建制规整、人员齐备、管理严格，多时一年可制贡茶五千饼，一时可谓盛况非常。武夷御茶园后于明代嘉靖三十六年（1557），经建宁郡守钱嶫请求废止，茶园遂逐渐荒废，前后存续250余年。元代武夷御茶园的规模明显不如宋代，多时产量也不过五千饼，这与元代蒙古贵族饮茶习惯粗放、不讲究茶叶形制美感有重要关系。

从茶论著作乏善可陈也可侧面反映元代贵族士大夫饮茶风尚的弱化，与宋代形成鲜明反差，此消彼长。民间平民化"以散代团"的饮茶方式成为主流，工艺复杂且耗资糜巨的北苑"龙凤团茶"终被人民所抛弃，元代福建茶业开始迎来大众化、商品化的"散茶"时代。从象征贵族士大夫的奢侈品到寻常百姓家"开门七件事之一"的身份转变，元代福建茶叶的内涵也从浮华转向实用，茶叶不仅成为寻常百姓的生活必需品，茶叶经济亦逐渐发展成为攸关福建民生的重要产业，"商品化""大众化"成为元代福建茶叶的一个重要主题和趋势。

元代的北苑贡茶已渐失昔日风华，但元廷并未彻底放弃北苑，北苑官焙仍被命令产制"龙焙"上贡，直至明洪武二十四年（1391），朱元璋以"龙焙"团茶劳民伤财为由，命令"罢造龙团，惟采茶芽以进"，制造精美、工艺独特的北苑"龙焙"团茶至此消失于皇家茶宴之上，取而代之的北苑散茶虽在明清两代仍作为贡茶，但已失去皇家的偏爱，泯然众茶之中，古代福建茶叶的鼎盛时代也悄然终结。值得一提的是，虽然北苑茶在明代由官办转为民办，仅是制造繁琐、耗费糜重的官焙取消，民间仍长期效仿"龙焙"工艺制作团饼茶，客观上保留传承了北苑贡茶的制茶工艺，直到清朝中后期方才逐渐消失，被制造工序更加简单，成本更加低廉的散茶取代，至此北苑"龙凤团茶"彻底成为历史陈迹。

（二）明代：制茶法革新，名品迭出

"贡茶衰而民间茶业兴"是明代福建茶业发展的一大趋势，主题则是茶叶产制技术的改良和创新。"贡茶"本就是为了满足皇亲贵胄穷奢极欲的一项剥削制度，实质上严重阻碍了福建茶业的繁荣发展，因为表面美誉荣光之下是无数底层业茶者疲于奔命却仍朝不保夕的痛苦悲鸣。明代建州北苑和武夷贡茶地位进一步降低，朝廷更加轻视福建茶，但这不仅没有导致福建茶业的衰落，反而极大促进了福建民间茶业的发展繁荣，茶叶商品化趋势日益明显，茶业开始成为福建茶区一项有益民生经济的重要产业。据明代徐𤊹《茶考》载："环九曲之内，不下数百家，皆以种茶为业，岁产十万斤。"郭柏苍《闽产录异》亦云："闽诸郡皆产茶，以武夷为最……武夷寺僧多晋江人，以茶坪为业。每寺订泉州人为茶师。清明后、谷雨前，江右采茶者万余人，手挽茶柯，拉叶入篮筐中。"

总的来说，明代福建茶业呈现两方面的特点：一是茶叶产区进一步扩大，从主要局限于闽北至遍及整个福建，基本奠定了当代福建茶叶产区的格局；二是茶叶产制技术革新突破，以致明清之际乌龙茶、红茶相继出现，绿茶、花茶等制茶工艺日益精进，茶树栽培和茶园管理技术提升，名茶品种增多。诸如福州的柏岩茶、武夷山的岩茶、长

汀的玉泉茶、仙游的龟山九座寺茶等地方名茶不可胜计，各府县均有地方代表性茶叶，只是全国性影响和声誉不能与昔日之北苑贡茶同日而语，而武夷茶在清代驰名中外则是后话了。

相较元代，明代福建贡茶的地位进一步降低，清代周亮工《闽小纪》有载："前朝不贵闽茶，即贡，亦只备宫中浣濯瓯盏之需。"这与明代散茶成为主流，武夷茶"改团为散"后因制造技术不佳，品质大不如前有关，也与江苏、浙江、安徽、四川等各省名茶迭出，品质优于北苑武夷茶有一定联系，亦与明代政治中心北移，偏居一隅、道路梗阻且时有倭患的福建在政治、经济、文化等各方面都受到忽视也有关系。明朝前期北苑武夷茶品质确有下降，但在中后期，随着散茶制造技术的推广普及，武夷散茶的制造技术也日益进步。

据《闽小纪》记载，清初崇安县令殷应寅为精进武夷茶品质，曾招募黄山僧人尝试"炒而不焙"的松萝制茶法，制成炒青绿茶，但普遍品质一般，"故色多紫赤，只堪供宫中浣濯用耳"。此后，在松萝制法的基础上，武夷茶师继续改良制茶工艺，采取"炒焙兼施"的方式，制成的茶叶汤色紫赤，香气充足，其实就是早期的半发酵"乌龙茶"，但因技术还不够精湛，品质不甚稳定，故影响有限，发展之路步履维艰。

贡茶的持续式微，官府对茶叶控制的弱化，促进了建州民间茶业的繁荣。明清以来，随着乌龙茶和红茶相继问世，中国茶类从原本的四种增至六种，中国茶类格局焕然一新，古代福建茶史也翻开了崭新的篇章。武夷正山小种红茶在清代对外贸易中独树一帜，成为西方商人来华贸易最重要的目标商品，备受西方各国的青睐，西方社会因之掀起品饮武夷茶的潮流，在近代中外关系史中扮演了举足轻重的角色。

> 闽之山何苍苍，
> 闽之水何泱泱；
> 福建茶文化，
> 饮誉遍友邦。
>
> 项南
> 一九八九年四月

福建省委原书记项南题词

三、近代福建茶业的治乱兴衰

清代福建茶叶是属于武夷茶的时代。经过明末清初改朝换代的社会动荡，康熙年间社会趋于稳定，康熙二十二年（1683），清廷解除"海禁"，指定广州、漳州、宁波和云台山等四处为通商口岸，恢复了明代后期中断的对外贸易，"神奇的东方树叶"受到来华西方商人的密切关注，中国茶叶随即大量涌入西方诸国，品饮中国茶一时成为西方社会的风尚。此后茶叶遂替代纺织品成为清代中外贸易的主要商品，其中福建武夷茶不仅是入贡之物，亦最受西方人青睐，武夷茶几乎成为中国茶的代名词。

（一）晚清民国：福建茶叶对外贸易的盛极而衰

武夷茶在广州"一口通商"时期（1757—1842）已经炙手可热，1842年清政府被迫签订《南京条约》，增开厦门、福州、宁波和上海四处为通商口岸后，福州凭借靠近武夷茶产区的地理优势，逐渐取代广州成为武夷茶最重要的出口贸易港，武夷茶出口与日俱增。"闽茶运粤，粤之十三行逐春收贮，次第出洋，以此诸番皆缺茶，价常贵。"（郭柏苍《闽产录异》）茶叶对外贸易逐渐成为晚清攸关福建民生之计的一大产业。

五口通商之后，闽茶对外贸易在福州、厦门两处口岸蓬勃发展起来。全盛时每年输出额达七十八万箱，占全国出口茶叶首位，在国际贸易上有悠久的历史和卓越声誉。在茶叶对外贸易鼎盛的时代，福建赖以茶业为生者不下百万，茶税也成为清政府财政的重要支柱，"可知闽茶非仅闽民衣食之所赖亦政府财政之一大税收，关乎整个国计民生，至为重大！"（《福建省建设报告：福建茶产之研究》）因之茶叶对外贸易之兴衰一度成为事关福建经济荣枯的一大指标。

清末福建外销茶可以分为九种，分别为：红茶（black tea）、绿茶（green tea）、砖茶（brick tea）、茶叶（leaf tea）、茶末（tea dust）、茶珠（茶屑）（buds or sifting）、茶梗（tea stark）、香港茶（Hongkong tea）、台湾茶（Taiwan tea）。相比较其他省份茶叶的单一，福建外销茶可谓丰富，这也意味着福建茶面向的消费市场、消费群体更加多元化，有助于提升福建茶在国际市场上的竞争力和抗风险性，为19世纪60—80年代闽茶对外贸易的鼎盛奠定了基础。

19世纪60年代后，英国成功从中国窃取茶种，并在印度、锡兰和爪哇等地栽培茶树成功，建立起大规模茶园，采用机械化制茶，相较福建茶叶产制效率更高。加之英国殖民者对印锡茶采取扶持鼓励政策，印锡茶几乎无茶税剥削之负担，因之价格更为廉价的印锡茶得以大量出口，极大冲击了福建茶叶在国际茶市中的地位。"当时各国到闽买茶者，每年茶品之输出，值银八千万两，其后英国就其所属各地，考究地质，遂购我茶种，植之于印度、锡兰等地，其地质虽逊，而能创设机器，制造茶品，故其气味，与闽茶不相上下，而福建省茶业，遂因之而蹶。"（林森《闽警》）鼎盛一时的闽茶对外贸易在印锡茶崛起的冲击下于19世纪90年代后走向式微，陷入"省中茶价跌落，茶商多亏折，兼之时局影响，以致商家无敢采办，而各处茶山亦因之荒废"的窘境。

晚清福建茶叶对外贸易由盛转衰的原因，除了印度、锡兰等外茶崛起的外部冲击之外，福建茶业内部的系统性积弊才是决定性因素。在市场竞争中，价格和质量是两大决定因素，印度、锡兰茶叶物美价廉，而福建茶却是价高质劣，如此情况福建茶叶对外贸易日渐衰败自是必然。福建茶叶对外贸易流程冗杂，中间商层层加码，各种杂费繁多。以福建茶叶外销英国为例，层累叠加至少十项费用："一曰茶户之成本及其人工；二曰内地厘金税项；三曰中国商贩等所权之利；四曰中国出口茶税；五曰运茶至华洋水脚等费；六曰华茶入口英口每磅五本之关税；七曰英国码头栈租等费；八曰英商运茶入口者所权之利；九曰英捐销华茶人等之中用等费；十曰批发行所权之利。"但就茶叶厘税而言，福建茶叶厘税苛重都较其他省份重，从厘税局的数量即可侧面推知，"自开办厘金以来设立总局卡127处，内有茶税局卡115处，系于每年三月委员计征茶市歇季即行裁撤剔除不计外，实共112处"。

福建茶叶厘税关卡不仅居全国各省前列，征收的税率也明显高于大部分省份，如光绪年间，多数省份的税率略高于百分之五，而浙江、福建、江西三省却为百分之十，这还是法定的税率，额外征收的自是更多。反观印度、锡兰茶叶为英国茶叶公司直销，英国政府对茶叶采取鼓励政策，加之机械化制茶的高效，既无各种苛捐杂税，又无中间商层层加价，成本远低于福建茶，故识者有"无怪乎中国茶价之贵，而不能与印度、锡兰等茶争衡也"之叹。

除了价格因素之外，福建茶叶品质伪劣也是一大不足。由于此时期福建茶业仍是家庭作坊式的生产经营模式，茶商茶贩在茶区一家家收购，少则数十斤，多则也就数百斤，品质本就参差不齐，如若内地茶庄在打包装箱时包装不佳，经过翻山涉水长途运输后则又会进一步导致茶叶品质败坏，因为"茶叶包装之完密与否，关系于茶叶品质者至巨，盖茶叶最易吸收水分，及受外来气味之侵袭，如木箱箱板未尽干燥，茶叶即能发现木箱气味，箱板过薄，不堪经长途之颠簸，时时有破损之虞，不特茶叶易受无辜损失，而茶质亦易劣变"（实业部国际贸易局《茶》）。为此茶栈在通商口岸与洋商交易时常因茶箱破损等问题被迫接受"二五扣磅""欠茶"等陋规，直接造成额外经济损失。

一方面，因为这种交易陋规的存在，各中间商都会想尽办法转嫁损失于下一级的中间商，最终茶农成为实质的承担者。茶农原本已微薄的收益被进一步剥削，久而久之生产积极性势必遭受挫伤，进而无心茶叶产制技术的改良与提升，福建茶叶品质最终陷入日渐低下的恶性循环。另一方面，这种交易陋规的存在也直接导致各级中间商，乃至茶农都会想方设法采取以次充好或以假冒伪造的方式弥补陋规造成的损失，如1873年厦门海关税务司休士在该年度贸易报告中直言一大批到厦门的茶叶品质不佳，"茶叶制作显然缺乏细心照料。大部分外观粗糙，令人反感。几乎所有的茶叶中都掺有柳树叶子或其他假的茶叶"（《厦门海关志》编委会编《近代厦门社会经济概况》）。如此，长此以往又导致伪劣茶泛滥屡禁不绝的恶果，最终形成福建茶叶价高质劣的糟糕市场形象。"闽茶输出全盛时代人民争事茶业,一时供过于求价格低落,狡猾商人或减少分量或掺入柳叶等,因之信用顿落。"在印度、锡兰等地茶叶的反衬对比之下,福建茶逐渐被海外消费者抛弃走向衰败亦在情理之中。

民国初年,福建茶业延续晚清时期的衰落,甚至面临更加严峻的发展危机。国民政府看重茶税对财政的支撑作用,尝试通过改良茶业中的一些弊病,谋求福建茶业的复兴,故该时期福建茶业的主题是"改良与复兴"。自1901年印度取代中国成为世界上最大的茶叶出口地,1916年锡兰又超越中国,1924年第三位又被爪哇夺走,民国时期的福建茶业进一步陷入更为严峻的衰败泥潭之中,以致"民国后,茶山之人亦罕稀,其茶园荒芜者有之,茶树枯萎者亦有之,故出产因之递少,茶市也因之减色,操斯业者未免为之叹息"。如晚清曾盛极一时的福州茶市也繁荣不再,连外国人都感叹:"迄于今日,福州此项大事业,已陷入死境。若华人再不急起整顿,则中国其他产茶区域之命运,亦将不久与福州相同矣。"根据海关报告,民国五年(1916)之前,福建茶出口年达千余万元,民国五年至十七年间,因局势动荡苛捐杂税不断,每年仅有七八百万元,十八年至二十年达到两千万元的繁盛期。

1931年九一八事变爆发后,国内外局势动荡,闽茶出口日趋艰难。1937年七七事变后,全面抗战爆发,闽茶内外贸易陷入更深的困境。一方面是北平和天津沦陷,导致国内贸易梗阻,"近以平津沦陷,货款难以汇还,在津存茶,被暴敌炸毁,损失尤巨,现已停运"。外则因日寇封锁,海路不通,闽茶对外贸易濒临崩溃。如福建乌龙茶最大的海外市场美国,1940年以前每年售美十余万箱,红茶亦有五万箱以上,自外国茶侵入美国后,中国红绿茶日渐衰落,日本红茶及我国台湾地区乌龙茶继续猛进,故福建乌龙茶每年十余万箱无形中被消灭。

1940年可谓战时福建茶业发展的转折之年，在此之前"就全省论，仅经由海关输出的，也在三十万担之间。在这华茶一再惨败的年头，这个数目的确是其他各茶区所望尘莫及了"。由于日寇在全面侵华之初未重点进攻福建，加之福建漫长的海岸线和众多优良的港口，为福建茶叶对外贸易留下一线生机，但1940年后日寇加大对福建的侵略，该年福建茶叶的出口量锐减至10万箱，1941年底太平洋战争爆发后，因日寇全面封锁，福建茶叶对外贸易几乎彻底断绝，福建茶业迎来近代时期的至暗时刻，之后直至中华人民共和国成立后方才重获生机。

（二）茶业改良与复兴的尝试

民国时期，福建茶区的划分有两种：一种按照地理区域划分，可分为闽东、闽南、闽西和闽北等四区，这与当代福建茶区划分类似；另一种则按照茶叶销路差异划分，可分为南路、西路和北路。南路茶以安溪附近所产制的乌龙茶为代表，主要销往东南亚各地；西路茶，以武夷茶为代表，主要销往欧美各国，但民国时已显著衰落；北路茶即福宁府属五县之茶，主要包括福鼎、宁德、霞浦、福安、寿宁等县，产量最多，几乎占到全省茶叶产量的十分之七。但在茶类上，各路有所差异，红茶以西路为优，绿茶以北路为优，乌龙茶以南路为优。总的来说，民国时期的福建茶叶高度商品化，茶区划分、销路市场高度专业化，证明衰落状态的福建茶业仍是攸关福建经济民生的一大产业，这也决定了福建省政府无法坐视茶业衰败，必须谋求福建茶业的复兴，实施改良救济之策。

民国初年，福建军阀割据，时局动荡，直到1935年福建省政府方开始实施茶业改良之策，谋求福建茶业的复兴。据福建省建设厅统计，1935年福建茶叶出口量已经锐减至13万担，而民国初的1913年尚有25万担，故1935年福建省建设厅报告直言："倘再不谋复兴，则前途不堪设想矣！"为此，福建省政府决议派遣省委林知渊、建设厅秘书陈为铫、教育厅督学王书贤、协大学校园艺科教授张天福等前往闽东视察，开始谋划福建茶业改良事宜。为提高福建茶业改良的成功率，借鉴外国的进步经验，在福建省建设厅厅长陈体诚的支持之下，派遣茶叶专员柯仲正前往锡兰、爪哇等地考察茶业，希图获得针对福建茶业改良的有益经验。此时恰逢吴觉农亦有志于中国茶业改良，柯仲正便力邀吴觉农一道前往，成立南洋茶业考察团。

在南洋诸地考察期间，柯仲正一行对福建茶在内的华茶在南洋的销售市场进行了比较深入的考察，得出"推其原因，英属各地所饮之茶，除一部分能欣赏华茶之气味而外，其所用之叶，多来自锡兰、爪哇预先制为茶粉，我国茶叶根本气味不同，殊不能与该茶叶竞争"的结论。为此，提出四点改良建议：1. 要求华茶在可能范围内设法减低成本费；2. 对于华茶之品质，应加以注意，使能保持固有气味；3. 对出口之华茶其装潢与处置，应加以改良，使能合美善之条件；4. 对茶之焙制，应设法加以监视，使其茶叶不至发臭。

虽然知易行难，但在本次海外茶业考察活动之后，福建省建设厅便着手福建茶业的改良，于1935年9月6日，"通饬产茶各县，并函各省，转饬所属产茶区域，代征茶种，径送省农林改良总场，俾试验改良"。首先，围绕福建茶叶"产、制、运、销"等环节展开改良，如先后成立福州第一茶仓、茶仓管理所、茶业管理所、茶业管理处和茶业管理局等茶叶市场管理机构，以结束福建茶叶贸易长期无政府的状态，通过加强茶叶产地检验和出口检验，试图从根源上清除伪劣茶泛滥的积弊；其次，通过福州出口红茶联合运销、财政部贸易委员会福建办事处、中国茶叶公司福建办事处、福建省贸易公司茶叶部等茶叶贸易管理组织，加强福建茶叶的统购统销，这对维持全面抗战初期福建茶叶贸易的平稳有序开展起到了积极促进作用。

除了建立规范茶叶市场交易的管理机构和推行茶叶统购统销的贸易管理组织之外，福建省政府虽深知福建茶叶厘税和出口税过重的危害，在无法完全免除茶叶税的情况下仅实施了一些茶税优惠政策。在全国厘金一律裁撤的命令公布后，福建省政府阳奉阴违，巧设特种茶叶消费税、茶业特种营业税、茶叶统税等茶税，或有重复征税之嫌，或是变相的茶叶厘税，引发福建广大茶农茶商极大的不满，如福建闽侯丝茶业同业会在1936年向南京国民政府财政部控诉福建省政府重复征收茶业特种营业税，财政部特于1936年9月29日通令各省市当局："对于华茶商号，除依照中央核准征收之营业税外，其他一切苛难税率，限期一律停征，以谋救济。"随后福建省政府被迫废止茶业特种营业税，但不久又开征茶叶统税，凡此种种，茶税苛征之弊始终难以根除，加之内忧外患的时局，福建省政府的诸多茶叶救济政策令人颇有种啼笑皆非之感，表面上名为谋求茶业复兴，实则有与民争利之嫌，所谓谋求福建茶业复兴，终究只是黄粱一梦。

1. 茶业教育的孜孜求索

民国时期，福建省政府针对茶业改良影响积极且成效长远者实际仅有兴起茶学教育和开设茶业改良场。吴觉农、胡浩川在《中国茶业复兴计画》一书中指出："久有历史并广有基础的中国茶业，未能随着时代进化，目前全般有关的事业，都无量的专门人才，不足担负一应的工作；没有无限制的设备，工作没有充分的依据。譬如茶的栽培及制造的技术研究，固然是要专家，生产成本的减轻及运销扩充也待着专家的从事。"兴办茶业教育以培养茶叶专门技术人才是近代以来福建乃至中国茶业改良实践的一大共识。

早在 1911 年，晚清福建地方政府即曾在建宁府（治所在今福建省建瓯市）开设茶务讲习所，时人认为："皆因外洋善于考求，选种焙时动皆有法，且两人制造均用器械，与中国专用人力者，大有繁简巧拙之判，其所以不止全行损失者，实因原质之色香味，非印度、锡兰之所能及也。是以闽省之茶，倘能及时整顿，并力讲求，参用新法，力除其掺杂作伪之弊，研究其拣选，卷之精，创设茶务讲习所。"奈何清王朝猝然崩溃，人才培养又非一日之功，而民国初年福建省又军阀割据，百废待兴，北洋政府亦无暇顾及茶业改良，只知苛征茶税，反而加剧了福建茶业的衰败，茶务讲习所也就日渐荒废，未能收获预期的成效。

吴觉农、胡浩川《中国茶业复兴计画》（商务印书馆，1935）

福建具有现代意义的茶业教育始于1935年设立的福安初级农业学校的"初级茶业科",近现代著名茶业专家张天福为首任校长,其倡导"身体力行,实事求是"的办学理念,实质上明确了重视实践,理论与实践相结合的茶业教育理念,即"茶业职业学校这是用以培养基本的茶业推广和自营茶业人才而设立的,课程不在乎多而在切实致用,使学生毕业后确能担任以科学的方法指导茶农关于茶业栽制的改良,合作社的组织,并具实际能从事茶业经营的能力"。

在教学上,为了提高茶业科学生的综合素质,理论教学上分普通学科和职业学科两大类,普通学科开设国文、动物、植物、化学、物理等九科,目的在于广博学生的基础文化素养。职业学科开设茶叶史、茶业地理、茶树栽培、茶叶制造、茶业经营等十七门,目的在于全面夯实学生茶学专业知识和理论,最终使学生毕业后确实能以科学的方法对茶叶"产、制、运、销"等各方面进行改良和实践。1937年福建省建设厅将福安农校从初级升格为高级,并设立高级茶业科,号召福建各产茶县选送优秀学生入学。

福安农校的茶业科还采取"校场合一"的办学模式,即开设茶业改良场作为师生的实践基地,注重培养学生将理论运用于实践的能力,体现了"理论学习与实践运用相结合"的科学培养策略。茶业教育与茶业改良得以完美结合,因之培养了一批兼具理论和实践能力的茶业专门技术人才。自建校以来,涌现了诸如"台茶之父"吴振铎、著名茶树育种专家郭吉春、八仙茶育种专家郑兆钦、武夷岩茶制作技艺传承人刘宝顺等多位杰出茶叶专家,可见其办学之成功和影响之深远。

1936年福安茶业改良场建立后不久,在1937年即尝试机械化制茶,首批100箱茶叶广受好评,"将所制茶叶标本呈省,交与各洋行试烹,均得好评"。1938年春制成的红茶出口香港售价达到每担130多元,一时创造了福安、寿宁诸县茶叶出口售价的最高纪录，可见其品质之优异，也侧面证明了福安茶业改良场的茶业改良初见成效。《福建农报》对此刊文报道称："今后拟从事大规模制造能争回中国茶叶对外贸易之声价，长此迈进，则茶业前途有绝大希望焉。"

福安茶业改良场制茶工场和机器

2. 福建示范茶厂、茶叶研究所的踔厉奋发

福建茶业教育和改良事业在烽火连天的抗战时期艰难维持，1939年福建省建设厅开始筹划成立"福建示范茶厂"，于1940年2月1日建立总厂于武夷山赤石，并设分厂于福鼎、福安、安溪等地。总厂厂长为张天福，副厂长由福建茶业管理局兼贸易公司茶叶部经理庄晚芳和郭祖闻担任，该厂管理机关定为"监理委员会"，主任委员则由福建省政府委员、建设厅厅长徐学禹兼任。彼时福建示范茶厂已初具规模，人员、厂房、茶园、制茶机械等设施基本配置齐全。徐学禹为福建示范茶厂题写奠基石，碑文为："岩茶之源，仙植武夷。焙制精良，

福建示范茶厂奠基石（阮克荣/摄）

岩茶成规。以示今范，以奠初基。磐石长久，亿万年斯。"可见徐学禹对福建示范茶厂的经营寄予厚望。

福建示范茶厂的经营不以营利为目的，与福安茶业改良场在经营模式上类似，都重在茶叶产制技术改良，建立之初即"开辟二千余亩大茶园并建筑新式工厂三座，茶园划分区域分别种植已有之品种，如水仙乌龙等，并将全省所有品种全数搜罗比较，以为改良之根据"。据此，张天福为福建示范茶厂拟定了四大经营宗旨，即"复兴闽茶统一产制""改良品质增加产量""组织茶农繁荣农村""促进内销增广销路"。正如其名"示范"之意，"对于种植制造，双方并进，以期改良茶种，提高品质。名曰示范，所以为省内茶业树一模范也"。

吴觉农、庄晚芳和张天福等老一辈茶人希望以福建示范茶厂的成功经验为"示范"来指引福建茶业的系统性改良，最终实现福建茶业的发展与复兴。为配合福建示范茶厂的经营和改良事业，在崇安和福安两地同时设立与县政府合作的初级茶业职业学校，一部分从茶业职

崇安县初级茶业职业学校教学科目及每周教学时数表

业学校毕业的学生可直接成为茶厂的工人，如此既保证了茶厂可以获得源源不断的专业技术工人，又培养了一批具有茶业专业知识的专门人才，对福建茶业改良和进步都大有裨益。

福建示范茶厂既有示范茶业改良之意，在成立之初就从国外购置制茶机械，主要有进行红茶粗制的揉茶机、筛分机、干燥机等。在茶厂筹备之初，制茶机器便已提前预定，因之在厂房建成的1940年茶季即开始生产，以崇安总厂为主，福安、福鼎等分厂次之。奈何1940年日寇突然发起对福州、厦门的重点进攻，致使海运梗阻，福建茶叶出口艰难，因恐滞销造成损失，4月份政和、星村两制茶所被迫暂停制茶。原本福安分厂计划制茶一万五千箱，也因福州沦陷和资金不足等原因被迫锐减，最后仅制造坦洋工夫一千箱。福鼎分厂的情况也大体类似，原本拟制茶八千箱，后仅制茶一千箱。福建示范茶厂开局之年波折不断，但最终还是克服重重困难，各厂仍成功利用制茶机械，制造出了一批质量上等的茶叶，并在出口中获得较高的售价。

令人唏嘘的是，1941年底太平洋战争爆发后，东南亚及太平洋沦为美日交锋的战场，福建茶叶对外海运航线彻底中断，近代福建茶叶对外贸易也迎来了至暗时刻，其后直至1945年抗战全面胜利始终未见好转。包括福建茶叶在内的整个华茶对外贸易近乎陷于绝境，"自三十年底南洋沦陷后，闽茶侨销完全断绝，同时内销亦因海口遭敌封锁，只有少量的省际贸易，闽茶在这种状态下，茶园日渐荒旧，茶农、茶工、茶商纷纷改业，产茶事业的重要性乃大为减弱"。因之，1942年福建示范茶厂的该年度制茶计划被迫搁置，经营陷入困境，时任厂长张天福被迫离职，前往福建协和大学任教。

1942年1月，原本设于浙江衢州的中国茶叶研究所迁至崇安，福建示范茶厂遂被划归中国茶叶研究所。中国茶叶研究所"工作纯以研究为主，其研究对象为茶叶产制运销各项成本问题并设计指导各省茶叶生产实际工作以增进外销茶叶之质量"，研究所汇集了一大批专家学者，副所长为浙江大学教授蒋芸生，其他专家有叶元鼎、叶作舟、汤成、王泽农、朱刚夫、陈为桢、向耿酉、钱樑、刘河洲、庄任、许裕圻、陈舜年、俞庸器、尹在继等。从某种意义上，中国茶叶研究所继承了福建示范茶厂改良茶叶产制技术的"遗志"，继续艰难探索寻找福建茶业乃至中国茶业实现复兴的方法和路径。此外，还有私立福建学院曾燕选、何高政、林时中等学子以福建茶业改进与复兴之题作为研究论文，提出了青年人的思考和探索。

曾燕选《福建茶业之改进》（1943年抄本）

何高政《复兴福建茶业计划刍议》（1943年抄本）

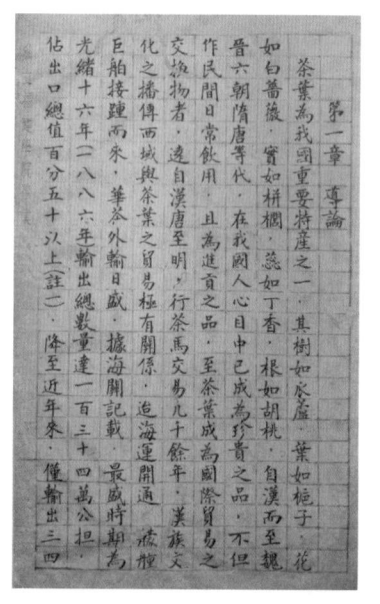

林时中《闽茶复兴问题之商榷》封面及内页（1945年抄本）

3. 茶业复兴夙愿的停滞

1945年8月抗战胜利后，福建茶业迎来短暂的复苏期，"一部分商人看了目前茶叶利市百倍，眼红心热，不管有无制茶经验，只要有些钱都跃跃欲试，想来设厂制造"（《闽茶·各地茶讯》，1946）。如1946年初，英商协和、怡和两大洋行，特派采购员在福建以极低廉的价格，大量收购陈年红茶，据统计："八月迄今，已收购三万余箱，运往埃及波塞，第二批五千箱，运印度巴莎拉，第三批一千箱，运香港转销纽约，第四批一万零六百箱，运埃及转销英伦。"（《民国日报·英商购闽产旧红茶洗去霉味冒充新货影响华茶国际信用》，1946）此时福建陈茶受到追捧的原因，一方面是抗战后期福建茶叶难以出口，国外市场对福建茶叶的亟需使然，另一方面则是福建陈茶价格低廉，茶商认为有利可图。但这种出口低价陈茶的行为具有明显的投机性质，不仅有损于福建茶叶的国际声誉，也非长久之计。

1946年6月，国统区经济形势急转直下，原本已岌岌可危的福建茶业再遭重创，此后一年不如一年，有人甚至宣称1946年为"中国茶叶有史以来最最艰苦的一年"。该年度福建茶叶"产量仅39580担，约当1937年五分之一，内红茶8080担，绿茶19180担，青茶11800担，白茶500担"（《闽茶今昔·时事新报晚刊》，1947）。但与1949年6月上海茶市中"闽茶亦绝迹已久"的绝境相比，1946年其实只是战后福建茶业崩溃的开始。1946—1948年间，国民政府曾尝试对茶业提供贷款，以图挽救濒临崩溃的福建茶业，但因所提供的贷款数额不足，根本难以满足广大业茶者的生产经营需求，加之国民政府办理茶叶贷款主要是为了避免业茶者遭受高利贷的盘剥，金融机构向业茶者提供贷款本质上仍是一种有偿性的商业行为。茶叶贷款对于战后福建茶业生产经营的复苏短期起到积极作用，但在严重通货膨胀的经济环境下，对于大多数普通业茶者而言，仍无法获得茶叶贷款，为维持基本的产制经营只能转向高利贷，这对于处境艰难的福建茶业无疑是雪上加霜。

随着解放战争的推进，国统区的社会经济秩序日趋崩溃，福建茶业亦是如此，正如庄晚芳所言："然内战之早日停止，政治经济之早日恢复常态，实为一切问题中最先决之条件，吾人希其早日实现，不但为茶业之福，且为国家民族之福。"可见经过多年战火的摧残，加之解放战争期间国统区经济秩序的崩溃，待福建省迎来解放之时，"全省茶园面积仅战前的一半，产量仅及战前的28.57%"（程启坤、庄雪岚《世界茶业100年》）。福建茶业的生产和贸易实已遭受毁灭性的打击，曾经盛极一时的福建茶叶对外贸易早已辉煌不再，福建茶业实已处于完全萧条的境地。

四、新中国福建茶业的走向复兴

中华人民共和国成立后，备受摧残的福建茶业迎来新生，逐渐走出民国时期的颓败，走上复兴繁荣之路，但这一复兴之路并非一帆风顺。新中国福建茶业的发展大致可分为三个阶段，第一个阶段为国营茶厂主导下的计划统制时期（1949—1985）、第二个阶段为私营茶企主导下的商品化和品牌化时期（1985—2010）、第三个阶段为新时代"茶文化、茶科技和茶产业"融合高质量发展时期（2010年至今）。

（一）国营茶厂时期

福建解放后，福建省人民政府迅速接管南京国民政府时期成立的省营公司，在此基础上于福建主要产茶县着手筹建国营茶厂。1950年国营福鼎茶厂，1951年建瓯茶厂，1952年安溪茶厂，1953年福鼎茶厂白琳分厂，1954年漳州茶厂，外贸厦门茶厂等国营茶厂相继成立。1953年三大改造开始后，福建茶业开启公私合营，各地私营茶行并入国营茶厂，国营茶厂规模继续扩大，如1956年以"何同泰"为代表的百余家私营茶企实现公私合营，并入国营福州茶厂，成为当时全国最大的茉莉花茶加工厂。待1956年底全国范围内三大改造顺利完成，福建茶业实现全行业公私合营，福建茶业正式步入国营茶厂主导下的计划统制时期。此后，仍有部分产茶县认识到茶叶的重要经济价值，即有1958年永春北硿华侨茶厂、1962年广福茶厂等国营茶厂的继续筹建。在计划经济时代，国营茶厂对福建茶业的发展起到决定性作用，但其经营发展之路亦是一波三折。

1950年《中苏友好同盟互助条约》签订后，50年代中苏两国经贸往来合作日趋频繁，在茶业领域亦是如此，苏联大力进口红茶对新中国成立初期福建茶业的恢复起到重要促进作用。但因英美等西方国家对中国采取敌视封锁的政策，福建茶叶传统的海外市场仍然梗阻，以致经过恢复发展的福建茶业在1956年产量仅为1936年产量的60%左右。1960年中苏关系破裂后，福建茶叶对苏出口也宣告停顿，福建各地国营茶厂的经营深受影响，纷纷寻求自救。

由于近代以来，福建茶叶以红茶为重，红茶又专为外销而制，在外销已然断绝的情状下，其时国内各地并无饮用红茶的习惯，内销亦开拓无门，如此则陷入两难。当时福建各地国营茶厂为寻出路，考虑到国内市场喜饮绿茶，于是60年代后期红茶改绿茶、外销转内销的自救方案被提上议程。70年代初全面推行"红改绿"，但事与愿违，福建绿茶并未在与其他省份绿茶的竞争中脱颖而出，反而因供过于求，又陷入绝境。经过数年挣扎，部分国营茶厂在70年代末考虑到华北、东北等地消费者喜饮花茶，开始转向扩大茉莉花茶的生产，当时除了国营福州茶厂、宁德茶厂、福鼎茶厂、福安茶厂等老牌茶厂产制茉莉花茶外，甚至一些新办茶厂也加入其中，但销售行情仍不甚乐观。

（二）茶叶商品化和品牌化时期

改革开放后，中国重新融入世界市场，社会主义市场经济体制逐渐建立，福建茶叶生产与贸易重回自由状态，曾经风光无限的福建各地国营茶厂多数走向没落，取而代之的是雨后春笋般涌现的民营茶企。到 2010 年，福建全省茶园面积达 300 万亩，居全国第五位，茶叶产量则超 27 万吨，居全国第一位，毛茶产值、出口创汇也居全国前列，全省从事茶业相关人员超 300 万人，毛茶总产值也超 300 亿，茶业综合产值超千亿。

此外，福建茶业也逐渐告别改革开放前以红茶、乌龙茶为主要品种的粗放经营模式，实现了从品种销售到品牌经营的转变，日渐形成以安溪铁观音、武夷岩茶、永春佛手、白芽奇兰、漳平水仙、福鼎白茶、政和工夫红茶、坦洋工夫红茶、正山小种和福州茉莉花茶等十大名茶为中心的福建茶叶品牌体系。加之各大民营茶企异军突起后采取现代化营销手段和连锁经营模式的推动，福建各地名茶远销国内外，声誉影响日盛。据中国茶叶流通协会公布的数据表明，2010 年百强中国茶企中福建茶企有 32 家，品牌建设水平和领军茶企均居全国前列，涌现出八马、华祥苑、天福茗茶等众多龙头茶企，相比较改革开放初期的萧条落寞，此时福建茶业已成为福建省九大支柱产业之一，并仍在持续高速发展。

（三）新时代"三茶"融合高质量发展时期

党的十八大以来，福建茶业以高质量发展为目标，逐步形成茶产业、茶文化和茶科技联动融合的三位一体发展格局，特别是党的十九大提出乡村振兴战略，习近平总书记多次强调茶业经济对乡村振兴的重要性，如 2021 年 3 月 22 日，习近平总书记在武夷山市考察时特别强调："武夷山这个地方物华天宝，茶文化历史久远，气候适宜、茶资源优势明显，又有科技支撑，形成了生机勃勃的茶产业。要很好总结科技特派员制度经验，继续加以完善、巩固与坚持。要把茶文化、茶产业、茶科技统筹起来，过去茶产业是你们这里脱贫攻坚的支柱产业，今后要成为乡村振兴的支柱产业。"习总书记盛赞一片叶子富了一方百姓，肯定武夷山茶产业的发展是对"绿水青山就是金山银山"这一理念的绝佳阐释。

正如习近平总书记对武夷山茶业发展的谆谆期许，2010 年到 2023 年的新时代十余年间，福建茶业的发展突飞猛进，成绩斐然，据有关统计数据表明，2022 年福建省茶园面积达 372 万亩，毛茶产量达 55 万吨，茶叶全产业链产值超 1581 亿元，茶叶出口金额 3.06 亿美元。其中，毛茶单产、全产业链产值、出口金额均居全国第一。在新品种选育方面，福建省农科院累计育成 29 个茶树品种。其中，13 个品种获国家非主要农作物品种登记，数量居省级茶叶研究所首位；"韩冠"等 9 个茶树品系获得植物新品种权；育成的"福云 6 号""金观音"分别是目前国内种植面积最大的杂交育成的绿茶和乌龙茶品种。

在茶企发展方面，据浙江大学 CARD 中国农业品牌研究中心等多家机构联合调研，统计茶企收益增长率、品牌传播力、研发经费投入等多项数据指标，评选出 2023 年中国茶叶企业产品品牌价值 100 强，其中 19 家福建茶企入选，新坦洋、鲎露、品品香、鼎白茶业等 4 家茶企位列前十，品牌价值平均 5.81 亿元，各项指标均位居各省首位。类似的中国茶企排名榜甚多，因评价指标和内容的差异，入围百强的名单不甚相同，但福建茶企始终都在榜单前列。综合各方面的内容，相比较中国其他省份的茶业，新时代以来福建茶业的发展进步都可称"领先"。

除此之外，新时代福建茶叶在中国多边外交的舞台上也大放异彩。

如2017年9月3—5日，第九次金砖国家领导人会晤在厦门召开，会议确定武夷大红袍、正山小种、安溪铁观音、福鼎白茶、福州茉莉花茶为指定用茶，红、橙、绿、蓝、黄五色茶罐，分别装大红袍、正山小种、铁观音、白茶、茉莉花茶，寓意和象征着"和平、开放、包容、合作、共赢"的金砖精神，五罐茶叶环绕建窑茶盏，组合成为众星捧月般的"五茶一盏"礼盒，作为赠送外宾的珍贵国礼，尽显福建茶文化独特的魅力和厚重的文化底蕴。

在茶文化领域，深入挖掘"茶"非物质文化遗产资源，实现茶文化与旅游、演艺等产业的融合，成为创新福建茶产业发展的重要路径，典型代表如武夷山"印象大红袍"山水实景演出，将武夷山"喊山祭茶"仪式、传统岩茶制茶工艺等非物质文化遗产融入演出之中，如今已成为福建，乃至中国茶文化旅游的一大创新典范。此外，唐宋古法"茶百戏"、武夷岩茶制作技艺、坦洋工夫茶制作技艺、福鼎白茶制作技艺等多种福建茶叶制作技艺先后被列入省级、国家级非物质文化遗产名录。

2022年11月29日，联合国教科文组织保护非物质文化遗产政府间委员会第17届常会将"中国传统制茶技艺及其相关习俗"列入人类非物质文化遗产代表作名录，成为我国第43个列入联合国教科文组织非物质文化遗产名录的项目。该项目包括了福建的武夷岩茶（大红袍）制作技艺、铁观音制作技艺、福鼎白茶制作技艺、福州茉莉花茶窨制工艺、坦洋工夫茶制作技艺、漳平水仙茶制作技艺等6个国家级非物质文化遗产项目。近年来，福建省加大对传统制茶技艺的保护和传承，这对进一步挖掘弘扬底蕴深厚的福建茶文化，促进新时代福建茶文化、茶产业和茶科技的融合创新发展都大有裨益。

在茶叶科技领域，据不完全统计，福建农林大学、福建省农业科学院和武夷学院等高校与科研机构茶叶科技创新成果硕果累累，对推

第一讲 福建茶业简史 33

福建省农业科学院茶叶研究所 陆修闽(左一)、林心炯(左二)、张天福(左三)、郭元超(右二)、郭吉春(右一)（图源：中国福建茶叶公司《中国福建茶叶》）

动福建茶业高质量发展起到重要的支撑推动作用。在茶学教育方面，目前福建省已有福建农林大学、武夷学院、宁德师范学院等三所本科高校开设茶学专业，漳州科技职业学院、福建艺术职业学院、宁德职业技术学院、武夷山职业学院、福建农业职业技术学院等五所专科学校也开设了茶学专业，特别是福建农林大学已建成"本—硕—博"完整的茶学人才培养教育体系。武夷学院茶学专业是国家级特色专业，在培养应用型茶学人才方面卓有成效。每年全省各高校职校向中国茶业界输送数以千计的高素质茶学专业人才，他们将是未来福建茶业继续推进高质量和跨越式发展的基础保证。

福建茶史并非简单的"茶叶历史"，当茶叶从寺庙僧侣日常禅修提神的饮品变成皇家宫廷的"贵宾"开始，身价倍增的茶叶陡然成为彰显权力和身份的象征，地方权贵将其视为取悦皇帝以获得权力尊位

福建农林大学风景（石玉涛/摄）

武夷学院风景（阮克荣/摄）

的手段，一片小小的茶叶居然能使偏居一隅、闭塞梗阻的建州一跃成为宋元帝王心驰神往的宝地，宋元时代的建州茶对当时福建社会、经济、文化乃至政治都有全方面的影响。一部宋元建州贡茶史，也是一部精彩纷呈的宋元福建地方史。明清时期，福建茶史的重心从中央宫廷转移到民间，在明清商品经济和对外贸易渐兴的时代大背景之下，福建茶叶依然是时代的"宠儿"，福建茶叶对外贸易不仅开始成为关系国计民生的一大经济产业，而且也开始成为中国向世界展示文明与富庶的一大重要媒介。晚清民国时期，闽茶对外贸易由盛转衰，正如大清帝国幻灭的"天朝上国"美梦，复兴茶业成为胸怀"振兴中华"之志者挥之不去的夙愿，时人对茶业复兴的坚持恰如近代中华儿女接续奋斗、孜孜以求民族复兴、国家富强的缩影。

新中国成立后，经过社会主义改造，福建各地先后成立了一大批国营茶厂，成为支撑推动福建茶业发展的中流砥柱。改革开放后，市场经济兴起，国营茶厂逐渐衰落，民营茶企涌现，引领福建茶叶在生产、制造、经营、文化、技术等领域实现全方位发展。特别是新时代以来随处可见的茶元素空间、景观已成为当代福建民间社会颇有特色的人文景观，福建茶业似乎已是近代中国老一辈茶人所期许的"复兴"模样。守正创新，久久为功，在实现中华民族伟大复兴之时，包括福建茶业在内的整个中国茶业终会实现真正的复兴，福建茶叶必将再次享誉世界，成为点缀新时代最璀璨的一颗明珠。

第二讲　福建名茶文化

名茶之所以名，在于优越的自然生态环境，丰富的茶树种质资源，独特的制茶技艺。福建茶业优势明显，众多名茶荟萃，演绎出了不同韵味的名茶文化。

一、福建茶区及其茶树种质资源

福建省地处我国东南沿海，背山面海，丘陵起伏，气候温和，降水充沛，林丰树绿，是世界东方生物多样性化区域，也是世界茶树物种起源的同源"隔离分布"区。福建省自古以来就是茶树生长种植的适宜区。早在唐代陆羽《茶经》的八之出中就有记载："岭南：生福州、建州、泉州、韶州、象州。"宋代宋子安《东溪试茶录》记载："先春朝隮常雨，霁则雾露昏蒸，昼午犹寒，故茶宜之。"福建拥有适宜于茶树生长的温度、空气湿度和光照条件。

茶树原生于亚热带丛林，长期以来适应了温暖、湿润的气候，在整个生长发育期间，茶树生长的最适温度在20℃~30℃。福建省位于北纬23°31′~28°18′、东经115°50′~120°43′，北纬25°横穿中部，受季风环流和地形影响，形成了暖热湿润的亚热带海洋性季风气候，并且北部有戴云山、武夷山及南岭作为屏障，使得全省

第二讲 福建名茶文化　37

福建名茶分布图(池志海/绘)

气候温暖，热量丰富，年平均气温17℃~21℃，一年四季无严寒，适宜茶树生长。

茶树喜欢在湿润多雨环境下生长，适宜栽培茶树地区的年降水量须在1000毫米以上。福建省属于亚热带海洋性季风气候，东部濒临台湾海峡，多山多河流，平均年降雨量1400~2000毫米，是中国雨量充沛的省份之一。

武夷山坑涧茶园

永春茶区（董明花/供图）

宁德茶区（阮克荣/摄）

闽中尤溪茶区

　　茶树喜光耐阴，忌强光直射，漫射光有利于提高茶叶品质。福建省多山，素有"八山一水一分田"之称，北有武夷山脉，中南部有戴云山脉，多座山峰海拔在1500米以上，常年云雾缭绕。福建森林覆盖率达66.80%，居全国第一，这为茶树的生长营造了良好的生态环境。

　　茶树是喜酸和嫌钙的植物，适宜种植茶树的土壤pH值应在4.0~5.5。有机质丰富的茶园土壤能够为茶树提供多种营养元素，并且

◀ 安溪西坪上尧村有机茶园土壤

▼ 安溪西坪上尧村有机茶园
（张理治/供图）

能够营造土壤微生物小群落，有利于茶树生长。福建省生态环境良好，森林覆盖度大，山地土壤多为红壤和赤红壤，pH 值多在 5.0~5.5。土壤有机质含量高，一般为 1.0%~1.5%，因水热资源丰富，有机质易分解为茶树所需要的养分。

福建省的地形地势及生态环境为茶树生长提供了得天独厚的条件，茶产业也成为重要的优势特色产业，在农业农村经济发展和乡村振兴

漳平茶区（罗昊/供图）

中发挥了重要作用。2023年，全省茶园面积372万亩，毛茶产量55万吨，茶叶全产业链产值1581亿元。涉茶县（区市）共71个，其中有27个产茶县（区市）茶园面积达2000公顷以上。目前，福建茶园生态化建设已具规模，建成标准化生态茶园超过53360公顷，生态茶园种草、绿肥全覆盖，已实现茶园道路的水泥化、便通化，茶园防护林、行道树、绿肥、护梯植物等的生态化、景观化，生产安全的绿色化。

中国是茶树的原产国，也是世界上最早发现和利用茶叶的国家。在长期种植栽培茶树的过程中，通过自然变异和人工辅助育种，形成了丰富多样的茶树种质资源，为优良茶树品种选育提供了珍贵的基因文库。茶树良种是高效生产的物质基础，往往一个品种就能造就一个产业。因此，选育优良茶树品种是推动茶产业多元化、现代化、效益化的根本保障。福建素有"茶树良种王国"之称，拥有国家级茶树良种26个、省级良种19个，无性系良种推广面积达95%以上，居全国领先水平。

1. 福建省茶树种质资源概况

资源是茶树品种选育研究的物质基础。20世纪30年代开始，福建茶叶科技工作者对福建省茶区进行了多次系统的考察和调研，开展

闽北高山茶区（吴永烨／摄）

茶树种质资源的征集、保存、鉴定、利用等工作，陆续建立了福建省农业科学院茶叶研究所茶树品种资源圃（福安）、安溪县茶叶科学研究所茶树品种资源圃、武夷山市茶叶科学研究所资源圃、武夷山龟岩种植园资源圃、武夷学院茶树种质资源圃和闽台乌龙茶品种园（漳平），共保存了白鸡冠、坦洋菜茶、奇曲、蕉城野生大茶树等地方茶树种质资源和审定（认定、鉴定）茶树品种以及杂交创新品系与育种材料7200多份，成为中国乌龙茶种质资源保存中心。

福建省茶树优异种质资源保护区——武夷山风景区内鬼洞

通过福建茶叶科技工作者多年的系统选育和杂交育种，截至2023年，福建省通过国家审（认）定的国家茶树品种有26个，包括福鼎大白茶、福鼎大毫茶、福安大白茶、政和大白茶、福云6号、福云7号、福云10号、霞浦春波绿、梅占、毛蟹、铁观音、黄棪、福建水仙、本山、大叶乌龙、八仙茶、黄观音、悦茗香、茗科1号、黄奇、丹桂、春兰、瑞香、金牡丹、黄玫瑰、紫牡丹。通过福建省审（认）定的茶树品种有19个，包括早逢春、福云595、九龙大白茶、霞浦元宵茶、早春毫、福云20号、歌乐茶、榕春早、肉桂、佛手、朝阳、白芽奇兰、凤圆春、杏仁茶、九龙袍、紫玫瑰、台茶12号、大红袍、春闺。此外，福建省还有白鸡冠、铁罗汉、水金龟、雀舌等名丛，矮脚乌龙、科旦、黑旦等地方品种，坦洋菜茶、天山菜茶、斜背茶等群体种。

福建省茶树优异种质资源保护区——建瓯矮脚乌龙

福建省是茶树生态区划最适宜区之一，同时也是绿茶、乌龙茶、白茶等的主要产茶区。福建省绿茶主产区主要集中于闽东、闽中、闽西等茶区。闽东宁德、福州等绿茶区以种植福云6号、福安大白茶、福鼎大白茶、福鼎大毫茶、福云7号为主。闽中三明地区以种植福云6号、福鼎大白茶、梅占、福安大白茶为主。闽西龙岩等地以种植福云6号、福鼎大白茶、梅占、黄棪为主。乌龙茶主产区主要为闽南地区（安溪、永春、德化）和闽北地区（武夷山、建阳、建瓯）。闽南乌龙茶品种主要有铁观音、金观音、黄棪、本山、毛蟹、佛手、白芽奇兰等，闽北乌龙茶品种有福建水仙、肉桂、大红袍、金观音、黄观音、黄玫瑰、瑞香、矮脚乌龙等。三明大田及龙岩漳平、上杭等地区也在大力发展乌龙茶，以台式乌龙茶为主，主要品种为台茶12号、软枝乌龙、台茶13号、四季春等。

大红袍（张小清/摄）

▲水金龟（张小清/摄）
◀佛　手
▼奇　曲

第二讲 福建名茶文化　47

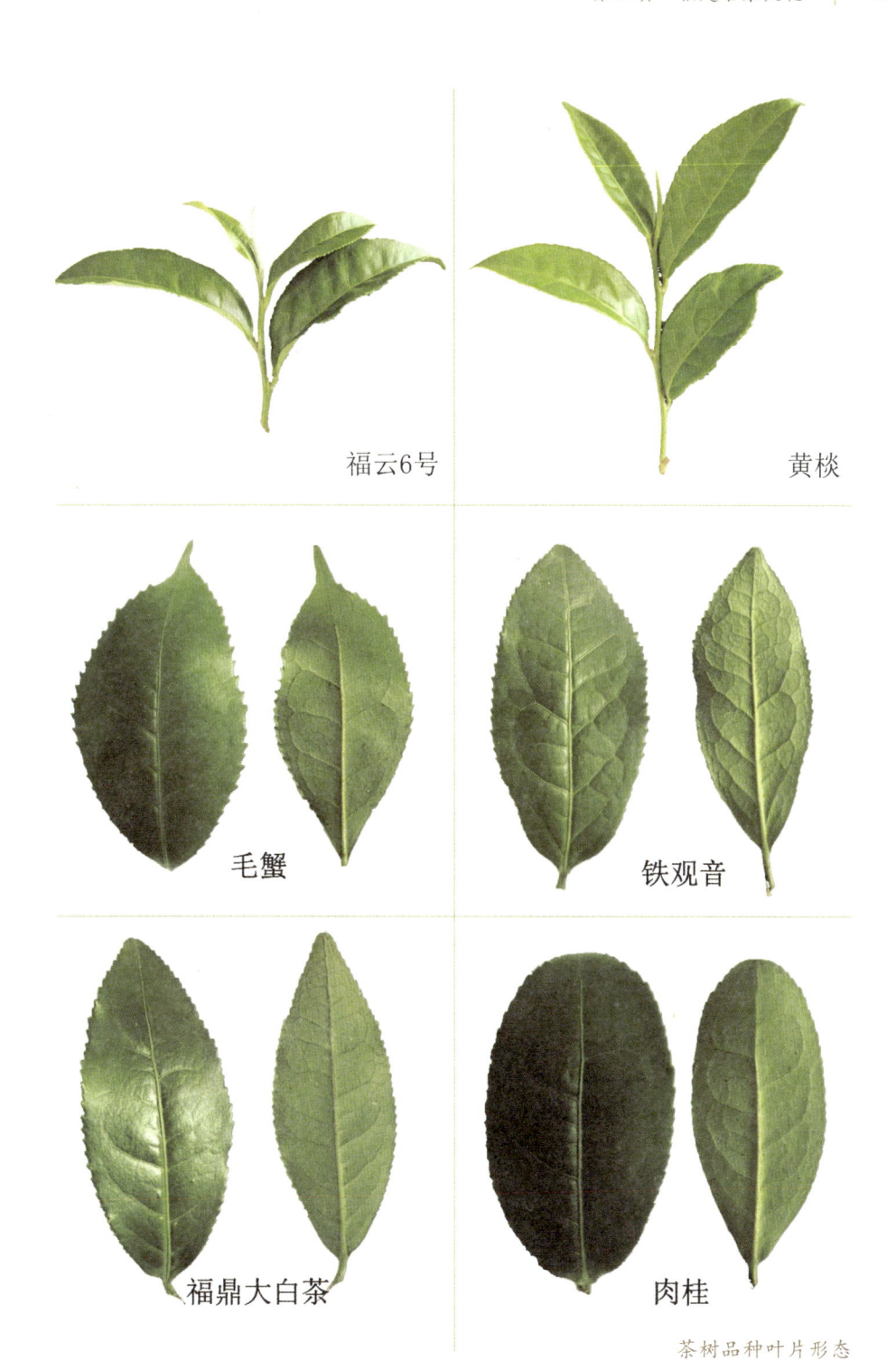

福云6号

黄棪

毛蟹

铁观音

福鼎大白茶

肉桂

茶树品种叶片形态

2. 福建野生茶树种质资源的调查与分布

福建省是中国茶树物种起源的"隔离分布"演化区域,野生茶树分布广泛。20世纪50年代,福建省就开展野生茶树种质资源调查研究,是中国较早开展野生茶树资源保护与利用研究的省份之一。福建省首次发现野生大茶树是1957年4月在安溪县蓝田乡山上,同年秋季又于福鼎太姥山、安溪珠塔乡的企山上先后发现了许多野生型茶树。经过半个多世纪的调查研究,目前发现在八闽大地均分布有野生茶树种质资源。野生茶树多生长在海拔500米以上的温湿森林中,其伴生环境为常绿阔叶林、阔针混交叶林或次生林,多以单株、小群落的形态存在,树高高者达10米以上,以小乔木居多。叶型多为中大叶,叶身平展,呈长椭圆形,芽叶茸毛少(无),叶色绿且光滑,叶片栅栏组织多为单层,排列较为紧密。花冠中等,直径大者达3.5厘米,花瓣6~10瓣,柱状3~4裂;子房茸毛较少(无),果少。部分野生茶树生化成分具有特异性,例如发现于福建省南部地区海拔700~1000米之间的狭窄山区中的野生红芽茶和白芽茶,红芽茶具有高含量的可可碱和反式儿茶素,白芽茶富含苦茶碱和甲基化EGCG。宁德蕉城区虎贝乡的蕉城野生茶树(蕉城苦茶)富含苦茶碱,咖啡碱含量低。尤溪汤川苦茶表现为高花青素,高咖啡碱。

野生茶树种质资源在福建全省各地均有分布,以下按照闽南、闽北、闽西、闽东、闽中5个地区列举野生茶树种质资源。

闽南地区:野生茶树主要分布于安溪、云霄、平和、诏安等地。如:安溪蓝田乡福顶山野生茶树,安溪珠塔乡企山顶野生茶树,安溪龙涓、虎丘、剑斗野生茶树,云霄大帽山野生茶树,云霄小帽山野生茶树,诏安秀篆野生茶,平和野生清明茶。

闽北地区:野生茶树主要分布于武夷山、建瓯、建阳等地。如:

武夷1号野生茶、武夷2号野生茶、建瓯百丈岩水仙茶（古茶树）、建阳黄坑坳头野生茶。

闽西地区：野生茶树主要分布于漳平、武平、连城等地。如：漳平梧溪、北寮野生茶树，武平高埔野生茶，连城罗坊、姑田野生茶。

闽东地区：野生茶树主要分布于福鼎、周宁、屏南、柘荣、蕉城、永泰等地。如：福鼎太姥山大茶树、周宁祖龙半野生茶、屏南野生苦茶树、柘荣乍洋野生茶树、蕉城仙敦山野生茶树、蕉城苦茶、永泰梧桐野生茶。

尤溪坂面淯头山仙茶

闽中地区：野生茶树主要分布于尤溪、将乐、泰宁、永安、宁化、梅列、大田等地。如：尤溪汤川苦茶、尤溪坂面淯头山仙茶、将乐龙栖山野生茶树、泰宁大龙乡野生茶、永安天宝岩野生茶、宁化延祥半野生茶、梅列仙人谷野生茶、大田吴山镇苦茶。

3. 福建野生茶树种质资源的研究与保护

野生茶树种质资源对探讨茶树起源、进化、系统分类具有重要意义，同时也是茶树品种选育的重要材料来源，对特异性状的优异单株进行扩繁，可直接应用于生产；或作为特异种质资源为相关茶叶科研机构及高校提供天然的研究材料，历来受到国内外茶叶界的重视。近年来，随着生物技术和测序手段的提高，对福建野生茶树种质资源的研究利用也更加深入丰富。福建农林大学叶乃兴教授团队对福建野生茶树的微形态、遗传多样性、生化成分进行了深入研究。首次在福建发现了野生秃房茶树群体。利用SNP分子标记技术对部分福建野生茶树进行了遗传多样性分析，并且构建了分子身份证。收集来自福建云霄、大田、尤溪、漳平、安溪、蕉城、诏安7地共82份野生茶树种质资源，挖掘出云霄云香茶、梁山大茶树1号、蕉城苦茶1号、安溪苦茶、尤溪汤川6号、大田6号、诏安8号等富含苦茶碱及茶氨酸等物质的优特异茶树种质资源。

为了进一步保护与利用福建省野生茶树种质资源，在现有资源保护的基础上，通过"福建省茶树优异种质资源保护与利用工程"和"福建

诏安野生茶树叶片（陈潇敏、叶乃兴/供图）

野生茶树品种资源鉴定与利用研究"等项目的开展，进一步推动了福建区域的茶树生物多样性保护工作，现共迁地和就地保护福建野生茶树种质资源19份，分别设于泉州、漳州、龙岩、三明、宁德、南平，其中三明和宁德迁地和就地保护资源数量较多，约占保护总份数的63%。

云霄小帽山11号花器官体视镜观察图（王泽涵、叶乃兴/供图）

注：A：茶树花；B：a:花萼，b:花托，c:花柄；C：萼片腹面；D：萼片背面；E：花瓣；F：花丝内轮；G：花丝外轮；H：花柱；I：子房

二、非遗与福建制茶技艺

福建在茶史上的地位高，制茶技艺独步天下，乌龙茶、红茶、白茶、花茶率先创制于此。明以前，福建茶以蒸青饼茶为主，蜡面、北苑贡茶等皆是，唐时制法如陆羽《茶经》所述，分采茶、蒸茶、捣茶、拍茶、焙茶、穿茶、封茶等七个流程。宋代，制法愈精，包括拣茶、蒸茶、

武夷岩茶製造程序

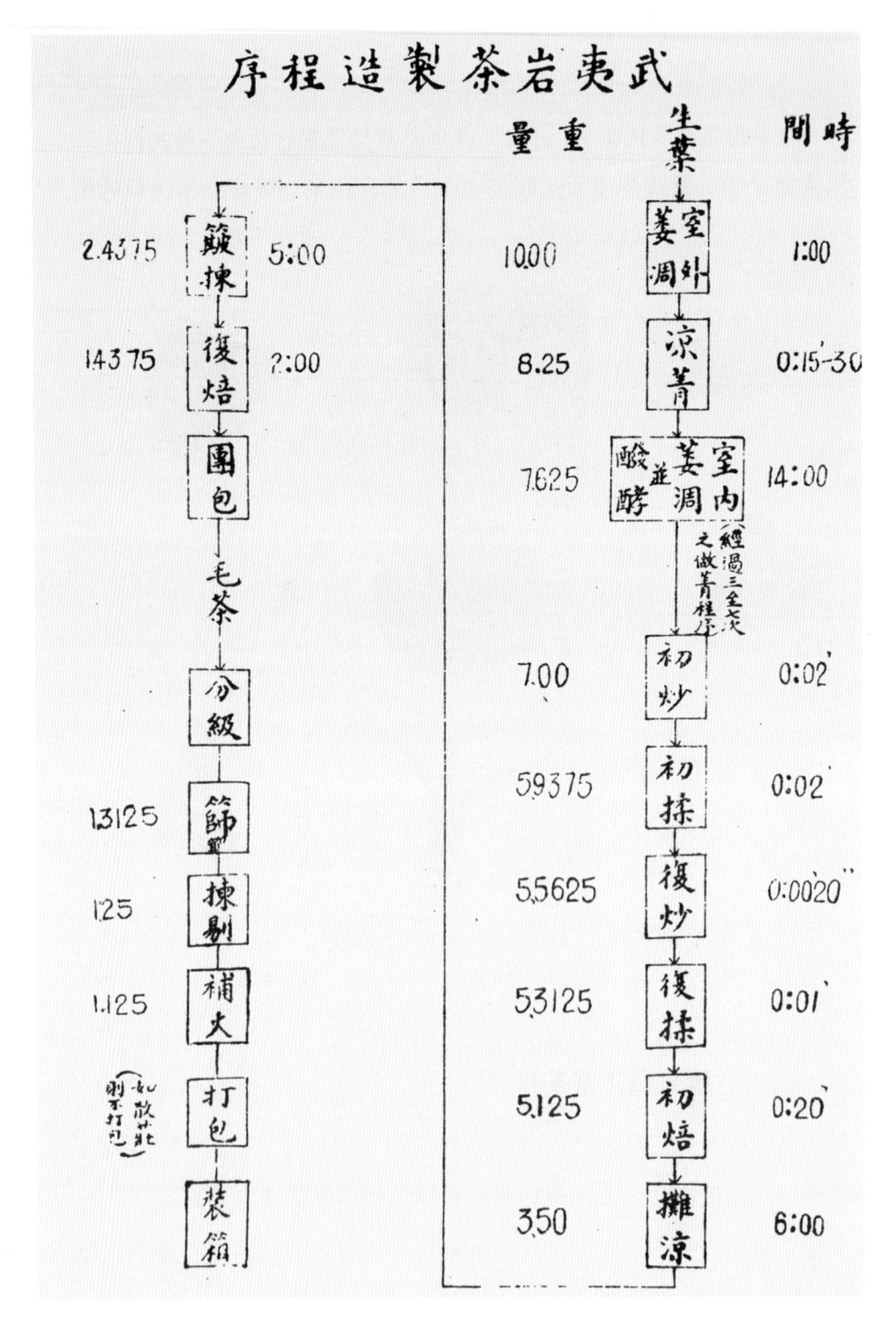

重量	生葉	時間
10.00	室外萎凋	1:00
8.25	涼青	0:15–30
7.625	室内萎凋並酦酵（經過三至七次之做青程序）	14:00
7.00	初炒	0:02
5.9375	初揉	0:02
5.5625	復炒	0:00'20"
5.3125	復揉	0:01
5.125	初焙	0:20
3.50	攤涼	6:00

重量	工序	時間
2.4375	簸揀	5:00
1.4375	復焙	?:00
	團包	
	毛茶	
	分級	
1.3125	篩	
1.25	揀剔	
1.125	補火	
	打包（如欲就地則不打包）	
	裝箱	

武夷岩茶制造程序（图源：张天福《一年来的福建示范茶厂》，1941年）

榨茶、研茶、造茶、过黄等步骤。明清时期是福建制茶工艺的革新时期。特别是发酵茶技术的创制，直接促进乌龙茶与红茶这两大茶类的产生。徐晓望认为，发酵茶技术是制茶史上继蒸青饼茶、散炒绿茶之后的第三代新技术，它使以武夷茶为代表的福建茶质量大大提高，成为国内第一流名茶。同时，发酵茶的发明为中国茶叶开拓了世界市场。福建制茶工艺涉及蒸青、炒青、发酵等，涵盖的技术范围广阔，创制的技术水平先进，是中国制茶史的一个缩影。

遗产项目是传承到现代的传统技艺，就福建茶而言，一方面分属种类多，可见技术资源非常丰富；另一方面还有集中于乌龙茶之制作技艺，特色明显。武夷岩茶（大红袍）制作技艺（2006）、乌龙茶制作技艺（铁观音制作技艺）（2008）、白茶制作技艺（福鼎白茶制作技艺）（2011）、花茶制作技艺（福州茉莉花茶窨制工艺）（2014）、红茶制作技艺（坦洋工夫茶制作技艺）（2021）和乌龙茶制作技艺（漳平水仙茶制作技艺）（2021）先后列入国家级非物质文化遗产代表性项目名录，并同时入选联合国人类非物质文化遗产代表作名录，是福建制茶技艺的代表。

（一）武夷岩茶（大红袍）制作技艺

武夷岩茶（大红袍）制作技艺主要流布于福建省武夷山一带，茶树品种繁多，从古至今所传品种有1000余种，其中，大红袍是当家品种之一。武夷岩茶系乌龙茶类，属于半发酵茶，其制作技艺源于明末，形成于清初，距今已有三百多年历史，是乌龙茶制作技艺之源。

武夷岩茶（大红袍）具有"岩骨花香"的品质，有一套传统的采制方法，共十余道工序，一环紧扣一环，基本流程为：采摘、萎凋、摇青与晾青（做青）、炒青与揉捻（双炒双揉）、初焙（俗称"走水焙"）、扬簸、凉索、拣剔、复焙、团包、补火、毛茶装箱。

武夷岩茶青叶 　　　　　　武夷岩茶制作技艺——晒青

晾青 　　　　　　摇青 　　　　　　绿叶红镶边

其中，做青与双炒双揉技术是其特有的工序。做青须"看天做青，看青做青"，即须依照鲜叶原料及当时的环境气候情况来掌握，持续时间8~10小时，做青时可看到叶面凸起呈龟背形（俗称"汤匙叶"）；双炒双揉则是茶叶形成"三节色""蛙皮状"的过程。制成的武夷岩茶在外形上呈条索状，经久耐泡，汤色呈琥珀色，叶底

软亮，香气清幽浓长，滋味醇厚鲜爽。与武夷岩茶制作技艺相伴而生的茶俗具有浓郁的地方特色，如祭茶、喊山等，民间斗茶赛、武夷茶艺亦有广泛的群众基础，这些都对传播武夷茶文化起到积极的推动作用。

（二）乌龙茶制作技艺（铁观音制作技艺）

乌龙茶制作技艺（铁观音制作技艺）主要流布于福建省安溪县。铁观音制作技艺由采摘、初制、精制三部分组成。初制包含晒青、晾青、摇青、炒青、揉捻、初烘、包揉、复烘、复包揉、烘干十道工序。精制包含筛分、拣剔、拼堆、烘焙、摊凉、包装六道工序。

在整个制茶过程中，制茶师灵活掌握各道工序中的关键环节，经过晒青、晾青、摇青，使茶叶形成"绿叶红镶边"现象，再进行高温杀青，制止酶的活性，最后通过揉捻和反复包揉、烘焙，形成天然的"兰花香"和特殊的"观音韵"。

（三）白茶制作技艺（福鼎白茶制作技艺）

白茶制作技艺（福鼎白茶制作技艺）主要流布于福建省福鼎市。该茶在制作时不炒不揉，成品茶主要有白毫银针、白牡丹、贡眉和寿眉，创新白茶中有新工艺白茶。福鼎白茶制作技艺主要分为初制和精制。其初制技艺主要是晾青、萎凋、轻揉捻（新工艺白茶特有）、并筛、烘焙；精制工艺流程为拣剔、拼配、烘焙、装箱。

其中，萎凋分为自然萎凋、复式萎凋和加温萎凋。自然萎凋是将萎凋叶置于晾青架上进行，其间不能翻动。复式萎凋则是将萎凋叶置于日光下进行光照天然加温萎凋，而后又进行人工加温方式萎凋，形成独一无二的萎凋方式。加温萎凋是采用管道加温、萎凋槽加温、电能加温进行室内控温萎凋。

福鼎白茶鲜叶

白茶采摘

白茶日光萎凋（阮克荣/摄）

（四）花茶制作技艺（福州茉莉花茶窨制工艺）

花茶制作技艺（福州茉莉花茶窨制工艺）主要流布于福建省福州市，源于宋，成于明，盛于清。北宋时福州成为茉莉之都，开始生产茉莉花茶，至明代时加工技术成熟稳定。清道光年间，福州作为通商口岸，成为中国三大茶市之一；咸丰年间，福州茉莉花茶成为贡茶，并开始大规模商品化生产，畅销欧美和南洋地区。

福州茉莉花茶采用烘青绿茶窨制，即用一层花一层茶重重叠叠，充分拌匀、充分通氧，让花不失生机，茶吸收新鲜的花香达到饱和状态。其制作技艺的流程主要包括茶坯粗制、精制和伺花、茶花拼和（窨花）、静置通花、收堆复窨、茶花分离（起花）、转窨或提花、匀堆装箱。其中，窨花是制作福州茉莉花茶的重点工序，根据每年茉莉花的品质和茶坯质量，最高可做到八到十窨。

福州市种植的茉莉花品种分为福州种和长乐种，有单瓣、双瓣和多瓣茉莉花，其中，单瓣茉莉花是福州所特有。茉莉花种植于山坡与山顶，有保持水土、改善气候和空气质量、调节碳平衡的作用，也具有较高的景观价值。

茉莉花茶窨制

（五）红茶制作技艺（坦洋工夫茶制作技艺）

红茶制作技艺（坦洋工夫茶制作技艺）发源于福建省福安市坦洋村，该传承至今已有170多年历史。相传，清咸丰年间，坦洋村茶人以"坦洋菜茶"为原料，创制成功"坦洋工夫"红茶。坦洋工夫茶的出口兴盛，从清光绪六年（1880）到民国二十五年（1936），平均每年出口的坦洋工夫多达10000多担，极大地促进了坦洋的市井繁荣。该茶经广州运销至西欧，受到广泛喜爱，更成为当时欧洲皇室贵族所青睐的下午茶。

坦洋工夫茶制作技艺，分为初制加工和精制加工两部分。初制经过萎凋、揉捻、发酵、干燥四道工序制成红毛茶，毛茶再经过初抖、平筛、撩筛、捞筛、复抖、紧门、毛选、复选、清风，即"三平、三抖、三选"，以及风选、拣剔、复火、拼配匀堆等精制工序，最终形成成品茶，故坦洋有俗语"茶叶做到老，筛路学不了"。

（六）乌龙茶制作技艺（漳平水仙茶制作技艺）

乌龙茶制作技艺（漳平水仙茶制作技艺）主要流布于福建省漳平市，其紧压茶技艺填补了中国乌龙茶紧压茶的空白。在不断发展过程中，漳平茶农在闽北乌龙茶"重发酵"和闽南乌龙茶"轻发酵"的基础上，结合漳平茶实际，创制出便于携带的四方茶饼。漳平水仙茶制作技艺的工序繁多，其技艺流程为：采摘、晒青、凉青、做青（摇青和静置）、杀青、揉捻、保鲜、拣剔、模压造型、烘焙等。

其中，模压造型是漳平水仙茶的标志性工艺。该技艺使用木制模具，该模具分为木模和木槌。制作时将包装纸铺开，上置内边为4厘米×4厘米的木模，加入揉捻叶，再用木槌加压造型，成型后将纸包扎紧，用米浆黏封。

漳平水仙制作技艺（罗昊/供图）

三、福建溪茶与山茗

福建是中国古老的茶区，在漫长历史长河中逐步发展成品类众多、风格各异的茶叶。宋代苏轼《和钱安道寄惠建茶》诗云："我官于南今几时，尝尽溪茶与山茗。"历史上，方山露芽、蜡面茶、北苑茶曾作为贡茶，后随茶树品种的培育与改良，制茶工艺的发展，扩展至绿茶、白茶、花茶、乌龙茶、红茶等多品类格局。（表1）

表1　福建省重点茶区分布情况表

茶类	主产区	品类
乌龙茶	安溪县	安溪铁观音、黄金桂、毛蟹、本山等闽南乌龙茶
	武夷山市	武夷岩茶、八角亭龙须茶
	建瓯市	闽北水仙、矮脚乌龙
	南平市建阳区	闽北乌龙

续表

茶 类	主产区	品 类
乌龙茶	永春县	永春佛手、闽南水仙
	德化县	铁观音等
	平和县	白芽奇兰
	诏安县	诏安八仙茶
	南靖县	黄观音等
	漳平市	漳平水仙、永福高山茶、铁观音
	大田县	大田美人茶
	华安县	铁观音
	闽侯县	雪峰高山茶
	泰宁县	泰宁岩茶
	三明市沙县区	沙县红边茶、闽南乌龙茶
	古田县	闽北乌龙
	寿宁县	寿宁高山乌龙茶
绿 茶	宁德市蕉城区	天山绿茶
	武平县	武平绿茶
	福安市	福安绿茶
	霞浦县	霞浦元宵茶
	福鼎市	福鼎绿茶
	周宁县	周宁官司茶
	寿宁县	寿宁高山绿茶
	松溪县	松溪绿茶
	柘荣县	柘荣高山绿茶
	屏南县	屏南绿茶
	尤溪县	尤溪绿茶
	清流县	清流绿茶
	永泰县	永泰绿茶

续表

茶 类	主产区	品 类
绿 茶	罗源县	罗源七境堂绿茶
	连江县	连江绿茶
	龙岩市新罗区	龙岩斜背茶
	邵武市	邵武碎铜茶
	南安县	南安石亭绿茶
	福州市晋安区	晋安绿茶
红 茶	福鼎市	白琳工夫
	宁德市蕉城区	天山红茶
	福安市	坦洋工夫
	寿宁县	寿宁高山红茶
	古田县	古田红茶
	屏南县	屏南小种
	周宁县	高山红茶
	松溪县	松溪红茶
	尤溪县	尤溪红茶
	武夷山市	正山小种、金骏眉等
	政和县	政和工夫
	光泽县	干坑红茶
白 茶	福鼎市	福鼎白茶
	宁德市蕉城区	天山白茶
	福安市	福安白茶
	柘荣县	柘荣高山白茶
	寿宁县	寿宁高山白茶
	霞浦县	霞浦白茶
	南平市建阳区	建阳白茶（水仙白茶、漳墩小白茶）
	政和县	政和白茶
	松溪县	松溪九龙大白茶

续表

茶类	主产区	品 类
花 茶	福州市仓山区、长乐区等	福州茉莉花茶
	福鼎市	福建茉莉花茶
	宁德市蕉城区	福建茉莉花茶
	福安市	福建茉莉花茶
	柘荣县	福建茉莉花茶
	寿宁县	福建茉莉花茶
	政和县	福建茉莉花茶

（数据来源：《福建茶志》）

（一）绿茶

自中唐以来，福建地区就有蒸青、炒青绿茶的制作，目前主要有宁德蕉城天山绿茶、福安绿茶、霞浦元宵茶、罗源七境堂绿茶、邵武碎铜茶、尤溪绿茶、南安石亭绿茶、龙岩斜背茶以及武平绿茶等。

1. 天山绿茶

宁德蕉城天山绿茶的原产地和主产地，位于福建省的东北部鹫峰山脉东南山麓、东海南部台湾海峡的西北岸。天山山脉（古称天老山），东从霍童镇西至西部洋中、虎贝丹丘山、那罗延窟、碧支岩与古田屏南交界处，山北有支提山（古称霍山或霍童山），山南有天山（亦称天兜山）。天山，是山名，也是地名。为了区别于天山之外产区的茶叶，当地人又把里、中、外天山所产的绿茶称为"正天山绿茶"（古称支提茶）。天山茶区西北依山，有海拔千米以上高峰80余座；东南临海为低缓冲积和海积平原，海拔仅5~15米。冬可阻挡寒冷干燥的西北风，夏纳温湿的东南海风，形成了冬无严寒、夏无酷暑的微域小气候。境内东南沿海低丘、平原属中亚热带季风湿润气候，西北部内陆山地为中亚热带山地气候。

天山绿茶品质素以"香高、味浓、色翠、耐泡"四大特色著称，茶界泰斗张天福称"天山绿茶香味独珍"。福建茶界老前辈庄任在《漫话福建名茶兼论品饮》中阐述了天山名茶的独特风格，盛赞天山绿茶香味天成，条锋挺秀。中国茶叶质量检测中心原主任骆少君在《宁川佳茗·天山绿茶》的序中写道："尤其是以高山茶区采摘的鲜叶原料制成的'正天山绿'产品、香气芬芳近似珠兰花的气味，滋味回甘犹如新鲜橄榄，并具'三绿'，即外形翠绿，汤色碧绿，叶底嫩绿。"传统的天山绿茶外形条索壮实，色泽翠绿，鲜香持久，汤色碧绿，滋味醇厚，叶底嫩绿肥厚柔软。

◎ 天山绿茶

干茶　　　　　汤色　　　　　叶底

2. 尤溪绿茶

尤溪县位于福建中部三明境内的山区，地处闽江西南侧，戴云山脉的东段北坡，界于北纬25.5°～26.26°、东经117.48°～118.4°之间，年平均气温为18.9℃，年平均降雨量为1570.3毫米，属于亚热带大陆性和海洋性兼有气候，雨量充沛，冬暖春早。境内东西两面高山林立，森林覆盖率高，山脉纵横交错。其优越的自然生态环境，适宜茶树的生长，为茶叶卓越品质的形成创造了得天独厚的自然条件。蓬莱银螺等茶品被评为福建省名茶。近年来，"两茶"产业作为落实绿色发展新理念、打造"绿色三明·最氧三明"品牌的重点产业，尤溪县坚持茶产业绿色发展方向，科学推进茶业产业化、品牌化发展。同时，挖掘与朱子文化一脉相承的尤溪特色茶文化，打造出尤溪红、尤溪绿茶、四大古名茶（明山圣王茶、湆头山仙茶、汤川苦竹茶、华口水仙茶）等区域公用品牌。

尤溪绿茶选用优质头春茶叶，采用手工炒青工艺制作而成。其干茶鲜嫩，汤色透亮，香气鲜爽，板栗香浓郁而持久，滋味鲜爽生津，回味甘甜，沁人心脾。

◎ 蓬莱银螺

干茶　　　　　汤色　　　　　叶底

◎ 尤溪绿茶

干茶　　　　　汤色　　　　　叶底

3. 斜背茶

斜背茶始于明末清初，产于龙岩市新罗区江山镇。因种植的村落通称为"斜背"，加工后的茶叶便统称为斜背茶，属于闽西独特的传统名茶。斜背茶的种植历史已有300多年，2009年龙岩斜背茶进入福建省茶树种质资源保护名录。斜背茶曾闻名省内外，销往广东、厦门等地，亦深受海外侨胞的喜爱。

◎ 斜背茶

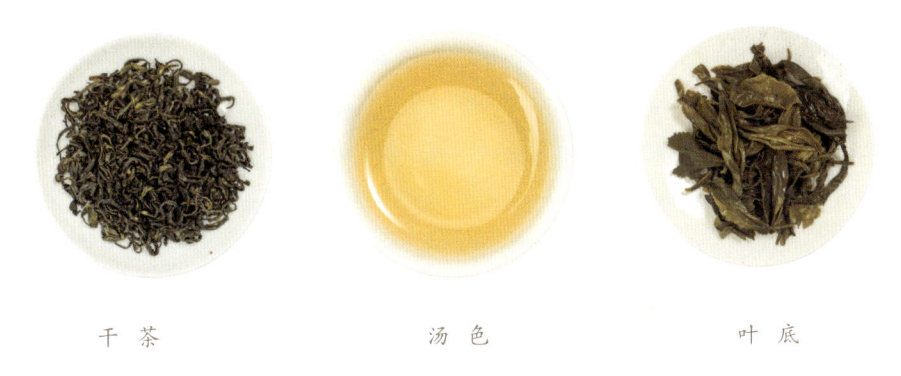

干　茶　　　　　　　汤　色　　　　　　　叶　底

斜背茶的种植地多分布在1000米以上的高山，山上云雾弥漫，日照时间较短，茶园土壤多为黄壤、灰棕壤，土层深厚，渗透性好。正是在长期独特的自然条件的影响下，茶树芽叶的特性发生了变化，表现在芽梢叶色黄绿，每到春季，满园皆黄。芽叶中叶绿素含量较低，水浸出物，茶多酚含量比绿色芽叶高。

斜背茶为高山茶类，属于炒青绿茶。斜背茶品种繁多，当地人多以叶形来分。其中大叶种发芽早，产量高，品质好，是目前普遍种植的品种。斜背茶为不发酵茶，较多保留了鲜叶内的天然物质。其独一无二的品质特征包括三著黄绿、橄榄味和艾草香。外形条索紧实，色泽灰绿带黄。汤色黄绿，滋味浓厚，品尝过后犹如新鲜橄榄的回味，同时香气又稍带艾香，生津持久而耐人寻味。

4. 武平绿茶

武平位于武夷山脉的最南端,龙岩市最西端,属亚热带季风气候,气候温和,雨量充沛,云缠雾绕,四季分明,昼夜温差大,森林覆盖率79.7%,是福建省首个"中国天然氧吧"。境内黄壤资源丰富,适合植被生长,留存了大量野生茶树,是福建省茶树优异种质资源保护区。

◎ 武平绿茶——梁野翠芽

干茶　　　　　　汤色　　　　　　叶底

武平绿茶分为梁野炒绿(条形)、梁野翠芽(扁形)、梁野雪螺(螺形)等三个品色,色泽绿润,汤色绿亮、透明,入口柔和,香气清香四溢、清高持久,带豆香、栗香或花香,滋味浓爽,回甘醇厚。

(二)乌龙茶

乌龙茶,又称青茶,是独具鲜明特色的茶类。根据产地的不同,乌龙茶可细分为闽北乌龙、闽南乌龙、广东乌龙和台湾乌龙。福建是乌龙茶的发源地,现今乌龙茶种类已发展良多。由于福建南北两地茶树品种、栽培环境和加工工艺的差异,闽北、闽南产区的乌龙茶品质各具特色。闽北乌龙茶主要以武夷岩茶为代表,而闽南乌龙茶则以安溪铁观音为代表。三明大田美人茶,循台湾东方美人茶制法,品质优异,是福建乌龙茶的一颗新星。

1. 闽北乌龙茶

（1）武夷岩茶

闽北武夷山，享"奇秀甲东南"之美誉，自古盛产名茶。2002年，武夷岩茶成为福建省第一批获"国家地理标志保护产品"认证的茶类。武夷岩茶为遵照《武夷岩茶地理标志保护产品》采摘生长在武夷山行政区域内适宜的茶树品种的鲜叶，经独特的武夷岩茶传统加工工艺制作而成的具有岩韵（岩骨花香）特征的乌龙茶。

清代崇安知县陆廷灿在《续茶经》中引《随见录》评武夷茶之等级："武夷茶，在山上者为岩茶，水边者为洲茶。岩茶为上，洲茶次之。岩茶，北山者为上，南山者次之。南北两山，又以所产之岩名为名，其最佳者，名曰工夫茶。"可见，清代武夷山人便对茶叶生长环境进行区分，重视茶园环境对茶叶品质的影响。武夷岩茶的优异品质得益于武夷山独特的气候和土壤条件。"武夷山水天下奇，三十六峰连逶迤。溪流九曲泻云液，山光倒浸清涟漪"，勾勒出了武夷山水的轮廓。茶园在山峰岩壑之间，气候温和湿润，常年云雾弥漫，幽涧流泉，适宜茶树生长。不仅如此，武夷山独特的丹霞地貌为茶树的生长提供了良好的土壤条件和丰富的矿物质元素，是形成武夷岩茶"岩骨花香"品质的重要物质基础。

◎武夷岩茶

干茶　　　　　　汤色　　　　　　叶底

武夷山素有"茶树种质资源宝库"之称，品种资源极其丰富。1943年，林馥泉对武夷山的茶树品种进行调查，发现武夷山的名丛、单丛达八百余种。武夷山虽适制岩茶的品种繁多，但是现今已将武夷岩茶产品分为大红袍、名丛、肉桂、水仙和奇种五大类。大红袍原属于五大名丛之一，现在既可作为茶树品种名，也可作商品名和品牌名。奇种是由武夷菜茶为原料加工制作的成品茶，菜茶是武夷山当地有性繁殖的群体种，是武夷岩茶多样风味的基础。

武夷山九曲溪（阮克荣/摄）

独特的自然环境、丰富的种质资源和精湛的制作技艺这些条件缺一不可，方能造就具有"岩骨花香"品质特征的武夷岩茶。品饮时，先观其外形，呈条索状、紧结扭曲，色泽青褐或乌褐油润，以沸水冲之，闻其香，外香高雅悠长、内香沉水馥郁，茶汤醇厚回喉、连绵持久，啜饮后齿颊留香、回味甘爽，挂杯余香悠长，嗅之沁人心脾，是为岩韵。

（2）闽北水仙

福建水仙发源于南平市建阳区小湖镇大湖村的岩叉山祝仙洞。清道光《瓯宁县志》记载："水仙茶出禾义里（今小湖镇），大湖之山坪。其地有岩叉山，山上有祝仙洞。……后因墙倾，将茶压倒发根，始悟压茶之法，获大发达。流通各县，而西乾之母茶至今犹存，固一奇也。"因"祝"字与小湖方言"水"相近，久而久之，"祝仙茶"便成了"水仙茶"并沿用至今。水仙茶"质美而味厚"，在闽北地区广泛种植，随后被引种至闽南、闽西及省外多地。

闽北地区地处武夷山脉的东南坡，地貌以山地和丘陵为主，是闽江发源地。在亚热带季风气候区内，温暖湿润，年平均气温17℃~21℃，年降雨量1400~2000毫米，年平均日照1700~2000小时，热量和水分较协调，夏无酷暑，冬无严寒，四季分明。茶区土壤多为红壤，海拔较高处也有黄壤和山地棕壤分布，土层深厚，土壤有机质和矿物质含量较丰富，土壤pH值在4.6~6.5，茶树生长条件得天独厚。目前闽北水仙主要产地在建阳、建瓯，其中建瓯水仙历史上种在南雅一带，故又称为南雅水仙。

水仙茶树势高大，节间长，叶质肥厚，属于半乔木型茶树，是国家级良种之一，适合制作乌龙茶。闽北水仙条索紧结壮实，叶端扭曲，色泽油润间带砂绿，汤色呈橙黄或橙红色，茶香浓郁，有幽雅的兰花清香，味醇鲜爽，叶缘有朱砂红边。

2. 闽南乌龙

闽南乌龙茶主产于泉州、漳州一带，泉州主要产区有安溪县、永春县、南安市、德化县、惠安县；漳州主要产区有诏安县、平和县、华安县、南靖县、云霄县、漳浦县、市辖区（芗城、龙文、龙海、长泰）；厦门仅有同安少量产茶。特殊的环境形成闽南乌龙茶特殊的风味，闽南茶区气候温和，雨量充沛，茶树生长期长，部分地区一年可采四五季，即春茶、夏茶、暑茶、秋茶和冬片。具体采摘期因品种、气候、海拔等条件不同而有差异。闽南乌龙茶品种较多，现有品种主要有铁观音、黄金桂、毛蟹、本山、黄棪、水仙、佛手、白芽奇兰等。

（1）铁观音

安溪素有"闽南茶都""茶树良种宝库"之称。2022年，安溪铁观音茶文化系统入选"全球重要农业文化遗产"，是中华农耕文化的宝贵遗产。

安溪感德岭茶园（陈明星/摄）

明朝时期，安溪茶叶的种植区域以及制茶技艺都得到了很大的提升，据明万历《泉州府志》记载："吾闽清源山茶可与松萝、虎丘、阳羡角胜，而所产不多，唯安溪茶差盛。"此外另据史载："安溪茶产长乐、崇善等里，货卖甚多。"彼时安溪茶业已盛。

《宋会要辑稿》中记载："国家置市舶司于泉、广，招徕岛夷，阜通货贿，彼之所阙者，丝、瓷、茗、醴之属，皆所愿得。"可见宋代通过泉州市舶司，安溪茶已开始销往海外。朝廷允许佛教寺院拥有山地以及享受减免赋税徭役的待遇，因此安溪寺院数量急剧增加，禅茶一味，故寺庙茶叶的种植和品饮也对民间产生影响。据《清水岩志》记载："清水峰高，出云吐雾，寺僧植茶，饱山峦之气，沐日月之精，得烟霞之霭，食之能疗百病。老寮等属人家，清香之味不及也。鬼空口有宋植二三株，其味尤香，其功益大。饮之不觉两腋风生，倘遇陆羽，将以补《茶经》焉。"清水岩建于宋元丰六年（1083），寺中主要供奉清水祖师，常年香火不断，此地茶树相传为清水祖师亲植，各地人争相前来品饮，故史志称"茶名于清水，又名于圣泉"。

◎ 铁观音

干茶　　　　　　汤色　　　　　　叶底

近人郭白阳的《竹间续话》中提到安溪茶品以铁观音为最著，产在饶阳乡之南山。南山山坡缓斜，形势秀美，土层极浅，俗有饶阳一片石之称。安溪铁观音外形卷曲肥壮圆结、沉重匀整，色泽砂绿油润、红点鲜艳，汤色金黄明亮，香气馥郁持久、富兰花香，滋味醇厚甘鲜，回甘悠长，富有观音韵。

（2）永春佛手

永春佛手又称香橼种、雪梨，形如佛手柑，故名"佛手"，香如雪梨汤，故名"雪梨"。形似佛手、名贵胜金，又称"金佛手"。据清康熙四十三年（1704）永春县达埔镇狮峰村《官林李氏七修族谱》载："僧种茗芽以供佛，嗣而族人效之，群踵而植，弥谷被岗，一望皆是。"由此可见永春佛手茶大面积栽培历史至今已有300多年。清光绪年间，在县城桃东开设峰圃茶庄，产品即闻名遐迩。

永春县山清水秀，朝雾夕岚，泉甘土赤，所生产的佛手茶质量历来为佛手中极品，为别于其他地区的佛手茶，故称为"永春佛手"。其主要生产于永春县苏坑、玉斗、锦斗和桂洋等乡镇海拔600~900米的高山处。春茶采摘时间一般在4月下旬至5月中旬，夏茶采摘时间一般为6月，秋茶采摘一般为9月下旬至10月中旬，其中春茶产量占40%。

◎ 永春佛手

干 茶 　　　　　　　汤 色 　　　　　　　叶 底

永春佛手茶树属于大叶灌木，树势开展，分为红芽佛手与绿芽佛手（以春芽颜色区分）。红芽佛手树姿较披张，嫩芽为紫红色，而绿芽佛手树姿稍直立，嫩芽淡绿色，以红芽为佳，目前永春县主要以种植红芽佛手为主。茶树鲜叶大如掌，呈椭圆形，叶尖较钝，主脉扭曲不平，叶肉肥厚，质地柔软，叶色黄绿油光，叶缘锯齿稀疏。成品茶具有外形紧结卷曲，肥硕重实，色泽砂绿油润，汤色橙黄明亮，香气馥郁悠长，滋味醇厚回甘，叶底肥嫩柔软等特点。

（3）诏安八仙茶

诏安八仙茶产于诏安县，以八仙茶种的鲜叶为原料。诏安县植茶历史悠久，明正德《大明漳州府志》中记载："茶，本州旧有天宝山茶、梁山茶，今有南山茶、龙山茶，宋志谓土茶味永，他州不及焉。"其中"南山"位于今诏安县深桥镇溪园村境内。

民国时期，诏安县从安溪引进梅占和毛蟹品种，主要种植在诏安县秀篆、管陂一带与四都镇的林乾村。民国《诏安县志》记载："近百年来，四都、林崎、二都等处间有种者，气味甚佳而土质颇寒，制造未精，故不畅销。"可证诏安县梅洲乡、金星乡、四都镇和秀篆镇皆有茶园分布。中华人民共和国成立以来，诏安县的茶产业有了新的突破，茶区由原来的传统老茶区逐步向丘陵坡地延伸发展。同时，从广东引进了水仙茶种，从安溪引进了黄棪、本山和铁观音等，为八仙茶的选育奠定基础。

根据郑兆钦《亲历选育八仙茶》记载："20世纪60年代，漳州茶厂抽调大批技术干部及工人共三十余人到诏安县茶站工作，加上诏安县本地临时聘请的茶农，分配成多个小组到诏安县的各个产茶区全面调查。在此次茶园普查中，从福安农业专科学校毕业分配到秀篆茶叶收购站工作的技术员郑兆钦，他带领小组在秀篆公社寨坪大队的一处凹背高山茶园中，发现了失去人为管理的小片茶山，这是由茶籽自然传播繁殖长成的变异茶树。"郑兆钦派人从这片茶山中选取优异的单株，剪取 20 个短穗，带到白洋公社八仙山脚下的汀洋茶厂进行扦插育苗，并命名为"八仙茶"。八仙茶茶种是由原有茶树品种的茶籽自然传播繁殖长成的。

诏安八仙茶品质风格独特，条索紧结重实，色泽青褐油润带蜜黄，香气馥郁持久品种香突出，滋味浓厚甘爽，汤色橙黄明亮，叶底柔软明亮红边鲜明。

（4）白芽奇兰

白芽奇兰，主产于平和县，茶园大都分布在海拔约 800 米地区，以大芹山、彭溪等地的茶叶最具"奇香兰韵"。白芽奇兰茶树，由平和县农业局茶叶站和崎岭乡彭溪茶场于 1981—1995 年从当地群体中采用单株育种法育成，其茶树嫩梢黄绿、芽头白毫显。福建及广东东部乌龙茶茶区有栽培，1996 年通过福建省农作物品种审定委员会审定。

◎ 白芽奇兰

干　茶　　　　　　汤　色　　　　　　叶　底

"奇香兰韵"是白芽奇兰茶树在平和县等特定的生长环境下，采用优良的栽培方法、茶园管理和传统的制作工艺而形成的优异品质，外形紧结匀整，色泽翠绿油润，香气浓郁锐长，滋味浓醇带兰花香，回甘明显，齿颊留香。

（5）漳平水仙

漳平水仙又称"纸包茶"，是乌龙茶中唯一的紧压茶，产于漳平市，以水仙茶树的青叶制作而成。清末民初，宁洋县的大会村有两个茶农刘永发和郑玉光，他们到武夷山考察茶叶种植加工，走遍各个产区，了解各个树种后从闽北建阳引进了水仙茶苗到漳平栽培，并大规模种植推广。在茶叶加工技术方面，吸收了武夷岩茶的制法，同时结合闽南乌龙茶的特点进行创新，所做出的漳平水仙发酵程度介于轻重之间。鉴于水仙毛茶疏松，携带不便，且易于吸湿变质，刘永发在最初工艺流程中于揉捻之后增加了一道"捏团"的工序，即将揉捻叶捏成小团圆，用纸包固定后焙干成型，创制了水仙茶饼。然捏团形状大小不一，不便销售，故又逐渐改用一定规格的木模压制成方形茶饼。中村茶人邓观金又将水仙茶饼制作工艺加以改进，使之形更正、味更香，且更耐储存。

◎ 漳平水仙

干茶 　　　　　　　　汤色 　　　　　　　　叶底

制好的漳平水仙茶饼古色古香，极具浓郁的传统风味。其外形色泽乌绿带黄，似香蕉色，"三节色"明显，内质汤色橙黄或金黄清澈，香气清高细长，如兰似桂，滋味清醇爽口透花香，叶底肥厚、软亮，红边明显。

3. 大田美人茶

除了以上传统的乌龙茶品类，近年来三明大田美人茶异军突起，成为福建茶的新秀。美人茶本产于我国台湾，也称椪风茶、椪风乌龙、白毫乌龙茶。20世纪90年代末，台湾茶农在多方考察后，发现大田的地理位置、海拔与生态环境，十分适合"东方美人茶"之原料茶树的生长。1998年，大田迎来第一家台资茶企落户，美人茶在大田的历史由此开启。大田位于福建中部，属于高山县。茶园的海拔在800米到1200米之间，境内海拔超过1000米的山峰有175座。这里既适宜小绿叶蝉的生存，也使之鲜有天敌，而小绿叶蝉的叮咬，是美人茶香气与滋味形成的必要条件。

◎ 大田美人茶

干茶　　　　　　汤色　　　　　　叶底

大田美人茶，外形匀整，一芽二叶，呈微卷曲状，宛如花朵，具明显的白毫，呈红、白、黄、青、褐五色相间，具有花香、熟果香、蜜香，滋味圆润饱满，醇厚柔和，甘甜爽滑，香浓纯正，齿颊留香，回甘生津，持久悠长。

（三）红茶

红茶属全发酵茶，是我国第二大茶类，主要分为工夫红茶、红碎茶和小种红茶三大类。红茶是福建的主产茶之一，福建红茶以"小种红茶"

和三大"工夫红茶"而闻名;新工艺红茶金骏眉,填补高端红茶的空白,曾引领国内饮茶之风。主产区分布在闽北和闽东一带。近年来,福建红茶的生产和贸易蓬勃发展,呈现出"八闽大地一片红"的景象。

1. 正山小种

正山小种红茶是世界红茶的鼻祖,产自武夷山市星村镇桐木村一带。清崇安知县刘靖在《片刻余闲集》中记载:"山之第九曲尽处有星村镇,为行家萃聚所。外有本省邵武、江西广信等处所产之茶,黑色红汤,土名江西乌,皆私售于星村各行。"为了与桐木的小种茶区分,便将外地仿制的小种茶称为"外山小种"或"人工小种"。

桐木村茶园(吴永烨/摄)

正山小种红茶不仅深受国内茶客喜爱,在大洋彼岸也被"众星捧月"。正山小种最早在1604年由荷兰商人带入欧洲,但是直到1662年酷爱红茶的葡萄牙公主凯瑟琳嫁给英王查理二世时带去作为嫁妆的"正山小种"红茶,才引领了英国喝茶的潮流。民国《崇安县新志》中记载:"英吉利人云:武夷茶色,红如玛瑙,质之佳过印度、锡兰远甚。凡以武夷茶待客者,客必起立致敬。"足见当时英国人对正山小种茶的喜爱与追捧。

正山小种的主产区桐木村坐落于国家级重点自然保护区,产区四面群山环抱,山高谷深,森林覆盖率高达96%,拥有完整的森林生态系统。海拔范围1200~1500米,终日云雾缭绕,空气湿度大,漫射光多,因此茶叶的游离氨基酸和芳香物质含量高。桐木的茶园土壤是风化砂砾土,肥沃疏松,有机质含量丰富,还有错落生长的各类植物落叶作天然的绿色肥料。优良的气候条件和地理环境为茶树生长创造了得天独厚的生态环境,是正山小种红茶难以被复制的"绿色密码"。

传统正山小种制作工序:鲜叶采摘→萎凋→揉捻→发酵→过红锅→复揉→熏焙→复火等。经过精心采制的正山小种成品茶,条索紧结匀整,色泽乌润,茶汤金黄清澈,金圈宽厚,松烟香和果木香完美融合,滋味醇厚,似桂圆汤味,经久耐泡。正山小种红茶作调饮奶茶也十分适合,加入牛奶后茶香不减,甘甜爽口,别具风味。

桐木村生态环境(吴永烨/摄)

采茶 | 正山小种制作工艺——发酵

正山小种制作工艺——萎凋（傅娟/供图）

◎ 正山小种

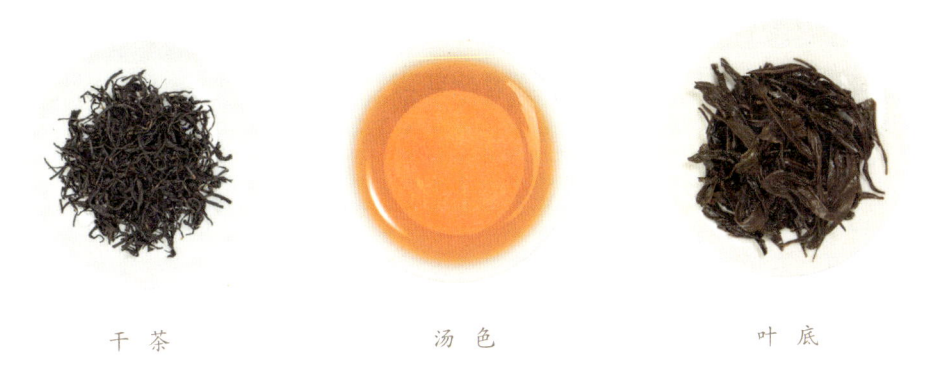

干 茶　　　　　　汤 色　　　　　　叶 底

值得一提的是，传统的正山小种红茶的加工车间是一个被称为"青楼"的特殊木质建筑。该建筑多为三或四层，通常一层为烘干室，二层用来控温，三层作为萎凋室。二、三层只架设横档，上铺竹席，茶青叶采摘后均匀地晾在竹席上萎凋。在进行熏焙时，将茶坯抖散在竹

"青楼"（傅娟/供图）

筛上，放进"青楼"底层的吊架上，通过室外柴灶燃烧松材，将热气导入"青楼"，使茶坯在干燥过程中不断吸附松香，如此形成正山小种独特的"松烟香"。用于加温燃烧的木材是当地的马尾松，如今，出于对物种保护的考量早已禁止砍伐马尾松，又因防治松材线虫等病虫害禁止使用外来马尾松，如今桐木的马尾松库存已捉襟见肘，传统正山小种的延续传承正面临新的挑战。

2. 坦洋工夫

坦洋工夫发祥于福安市白云山麓社口镇西北部的坦洋村，与白琳工夫和政和工夫统称为"闽红"工夫。据《福安县志》记载，最鼎盛时期，一条不足一公里的坦洋街就有万兴隆、丰泰隆、吴元记等36家茶行，商贾云集，洋行入驻，雇工3000多人，每年制干茶2万多箱。随着战争爆发和印度红茶的兴起，坦洋红茶销量锐减，至中华人民共和国成立后才逐渐恢复，20世纪70年代后因外贸出口不畅，坦洋红茶由"红"改"绿"，再度陷入低迷。直至改革开放，坦洋红茶才又进入复兴、崛起的发展时代。

福安享有"中国茶叶之乡"美誉，三面环山，一面临海，属中亚热带海洋性季风气候，温暖湿润，有着适宜茶树生长的优越生态环境。福安是全国第一批创建的无公害茶叶生产示范基地市、福建省首个全国绿色食品原料（茶叶）标准化生产基地，在福建省农科院的技术加持下，拥有全国最大的茶树良种繁育基地，良种率高达98%。近年来，制作坦洋工夫红茶的茶树品种增多，除了坦洋菜茶、福云6号、梅占等传统红茶品种，还采用了高香型茶树品种，如金观音、黄观音、紫玫瑰、金牡丹、黄玫瑰等乌龙茶适制品种，香高味浓，品种特征明显，深受市场的喜爱。其外形紧细匀整、乌黑油润，汤色红艳明亮，香气高锐幽远，滋味鲜爽醇厚。

3. 白琳工夫

白琳工夫产自福鼎市太姥山白琳一带，生产历史悠久。清乾隆《福宁府志》中记载："茶，郡、治俱有，佳者福鼎白琳。"白琳茶在当时的地位可见一斑。19世纪50年代，闽、粤茶商在福鼎经营工夫红茶，广收白琳、翠郊、磻溪、黄岗、湖林及浙江平阳、泰顺等地的红条茶，集中在白琳加工，白琳工夫由此而生。白琳地处福鼎中部，古官道贯穿其中，又有后岐商港码头直通沙埕，特殊的地理位置以及便利的交通，使白琳在清朝时成为一个茶叶集散地。清代卞宝弟《闽峤輶轩录》载："福鼎县，物产茶，白琳为茶商聚集处。"

白琳工夫原以小叶种菜茶茶树作原料，后经福鼎"合茂智"茶号改良，用福鼎大白茶嫩芽制作，特具鲜爽的毫香，色泽鲜红似橘，又取名"橘红"，是白茶品种改制红茶的开端。白琳工夫发展全盛时期，年产量可达三万余担，远销东南亚及西欧各国。民国时期，时局动荡，白琳工夫的产销深受影响，直至中华人民共和国成立才重获发展。随着国际形势的变化，茶叶出口受限，国外对红茶需求量的下降，导致20世纪70年代"红"改"绿"后，白琳工夫逐渐淡出人们的视野。

白琳工夫的初制过程包括采摘、萎凋、揉捻、发酵和干燥等流程。最早白琳工夫主要是在民间农户、茶贩自建的茶作坊完成毛茶的制作，再被茶商、茶馆收购进行精加工出售。白琳工夫外形紧结纤秀，带有金毫，鲜纯毫香沁人心脾，汤色红亮，滋味醇浓适口。特级白琳工夫以其得天独厚的外形，幽雅馥郁的香气，浓醇隽永的滋味，被中外茶师誉为"秀丽皇后"。

4. 政和工夫

政和工夫发源地政和县，地处福建东北部，山川毓秀，因地势高低悬殊，构成华东地区独特的高山、平原二元地貌，拥有"地质绝景"

◎ 坦洋工夫

干 茶　　　　　　　汤 色　　　　　　　叶 底

佛子山国家级地质公园。核心茶区锦屏村位于鹫峰山脉北侧群山之中，海拔700~1300米，气候温和宜人，以砂砾壤为主，矿质元素丰富，土层深厚，酸碱度适宜，茶树生长环境优越。

政和工夫原产于锦屏村（古称遂应场）的仙岩山，时称"仙岩工夫"。政和工夫被认为起源于19世纪中叶。清咸丰元年（1851），政和县已有100多家茶厂生产工夫红茶。同治十三年（1874），政和工夫红茶出口量达万箱，畅销英、美、德、俄等国。

政和工夫按照萎凋、揉捻、发酵、干燥的工艺规程制作而成，但是根据品种不同可分为大、小茶两种。大茶系采用政和大白茶制成，外形条索紧结肥壮多毫，色泽乌润，汤色红浓，香气高而鲜甜，滋味浓厚，叶底肥壮呈古铜色。小茶系用小叶种制成，条索细紧，色泽红亮，香似祁红，花香浓郁，滋味醇和，叶底红匀。

5. 金骏眉

金骏眉创制于2005年，是在正山小种红茶传统工艺基础上，以当地高海拔地带生长的"武夷群体种"（当地称菜茶）单芽为原料，采用创新工艺研发的高端毫尖红茶。外形条索紧细，隽茂，重实，茸毛密布；色泽金、黄、黑相间且色润；香气具复合型花果香，高山韵香明显；滋味醇厚、甘甜爽滑，高山韵味持久；汤色金黄、清澈，有"金圈"；叶底呈金针状，匀整、隽拔，叶色呈古铜色。

◎ 金骏眉

干茶　　　　　　　汤色　　　　　　　叶底

（四）白茶

福建白茶产地主要分布在福鼎、政和、建阳、松溪等地。福建白茶产量占全国90%以上。近年来，白茶产区逐步扩大，云南、贵州、广西等省（自治区）均有生产白茶。GB/T22291指出白茶是以茶树的芽、叶、嫩茎为原料，经萎凋、干燥、拣剔等特定工序而制成的。白茶以其独特的毫香及鲜醇的清雅品质享誉中外。按原料嫩度，白茶可分白毫银针、白牡丹、寿眉。贡眉（小白），是以当地群体种茶树品种的嫩梢为原料，经萎凋、干燥、拣剔等特定工艺过程制成的白茶产品。

"白茶之乡"福鼎的茶园位于针叶林和阔叶林混交的山地上，光照适宜。又因其濒海面陆、西高东低的独特地势和特殊气候环境，四季更替明显，春季多雨，空气湿润，孕育了白毫披身的白茶。政和地处武夷山脉和鹫峰山脉的交结点，山间盆地多，海拔适中，山间植被丰茂，常绿阔叶林自然落叶为茶树生长带来了丰富腐殖质及微量元素。这也是政和白茶与福鼎白茶在口感滋味上各有千秋的原因，也造就了其有别于福鼎白茶的独特高山韵。

1. 白毫银针

白毫银针，主要产区为福鼎、柘荣、政和、松溪、建阳等地。由于鲜叶原料全部是茶芽，且制成成品茶后，形状似针，白毫密披，色白如银，因此得名白毫银针。

◎ 白毫银针

干 茶　　　　　　汤 色　　　　　　叶 底

2. 白牡丹

白牡丹，产于政和、建阳、福鼎、松溪等地，采用福鼎大白茶、福鼎大毫茶为原料，经传统工艺加工而成。因其绿叶夹银白色毫心，形似花朵，冲泡后绿叶托着嫩芽，宛如蓓蕾初放，故得美名白牡丹。

3. 寿眉

寿眉，用的是茶树的一芽三至四叶为原料制作而成。叶张稍肥嫩，芽叶连枝，无老梗，叶整卷如眉，因富含茶多糖，茶汤醇爽，带甜。

◎ 寿眉

干 茶　　　　　　汤 色　　　　　　叶 底

4. 小白

南平市建阳区漳墩镇古称"紫溪里",是小白茶的发源地,也是建阳白茶的主产区。张天福在《福建白茶的调查研究》中指出:"先有小白,后有大白,再有水仙白。"小白茶以当地群体种为原料,叶底匀整、柔软、鲜亮,滋味醇爽,香气鲜醇。

◎ 小白（张朝丰/摄）

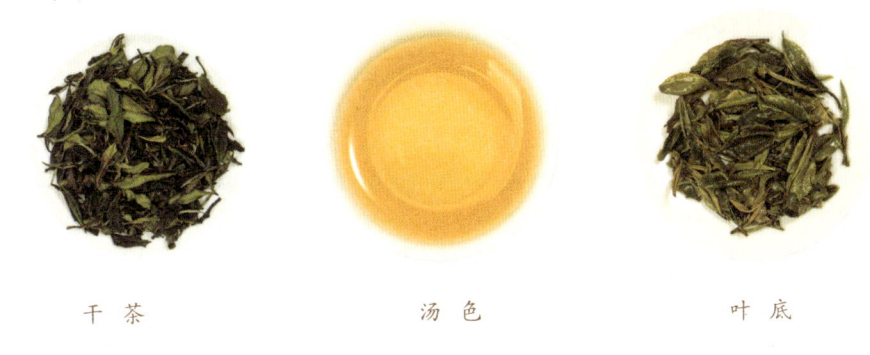

干茶　　　　　　　　汤色　　　　　　　　叶底

（五）花茶

花茶窨制是利用鲜花吐香和茶坯吸香,形成特有品质的过程。花茶窨制的基本原理,是把鲜花和茶坯拼和,在一定条件下,利用鲜花吐香散发特性和茶坯纳香的吸附性,来达到茶引花香,增益茶味的目的。

1. 福州茉莉花茶

福州气候温和,四季常青,盛产各种茶用香花作物,其中以茉莉花品质最好,产量最多,用以窨茶,香、味均佳。据明代顾元庆《茶谱》记述:"木樨、茉莉、玫瑰……皆可作茶,诸花开时摘其半含半放蕊之香气全者,量其茶叶多少,摘花为茶,花多则太香而脱茶韵,花少则不香而不尽美,三停茶叶一停花始称……",并以一层茶一层花"相间熏窨后置火上焙干"收用。说明在 16 世纪中叶对花茶窨制技术已有考究。福州地区以茉莉花窨茶,由来已久,明代徐燉《茗谭》亦载:"闽人多以茉莉之属,浸水瀹茶。"近代郭白阳《竹间续话》载:"茉莉花,亦吾乡之特产，或称抹丽，谓能掩众花也。洪塘过江一带产最盛。花时，商人以供窨茶，专轮采运，谓之花船。"到了清咸丰年间，福州茉莉花茶已开始大量生产，畅销华北各地。1900年产量达三万担，1928—1938年间，为福州花茶全盛时期，尤以1933年产量最高，达十五万担。当时福州市及闽侯、长乐两县均大量种植茉莉花，1936年产花量六万多担。随着茉莉花生产的发展，省内外各地茶商云集，在福州设厂经营花茶的达80余家，除以本省所产绿毛茶加工窨花外，每年还从安徽、浙江等地调运大量烘青、毛峰、旗枪、大方等绿茶原料，在福州窨花后运销东北、华北各省。

◎ 茉莉龙珠

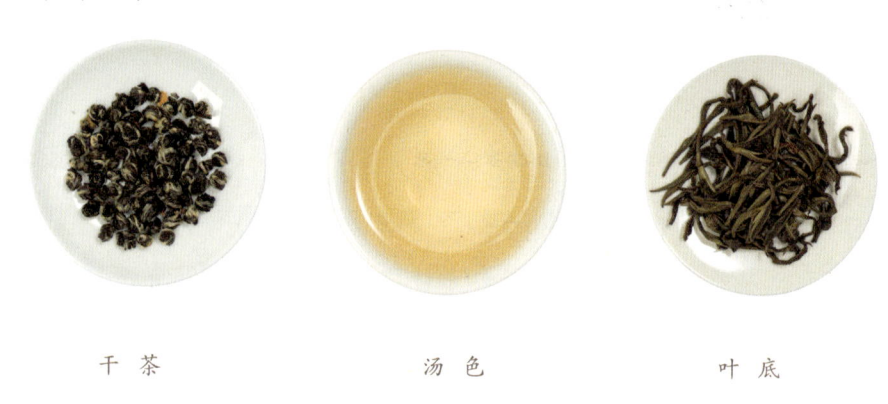

干茶　　　　　　　汤色　　　　　　　叶底

2014年，福州茉莉花与茶文化系统被联合国粮农组织列入"全球重要农业文化遗产"保护项目名录。2022年，包含"福州茉莉花茶窨制工艺"在内的"中国传统制茶技艺及其相关习俗"，被联合国教科文组织列入人类非物质文化遗产代表作名录。茉莉花茶的窨制加工颇费功夫，其关键在于掌握茶坯的吸香性和茉莉鲜花的吐香性，一吐一吸，两者结合，使茶坯充分吸收茉莉鲜花的芳香物质。茶引花香，花增茶味，茶味与花香巧妙地融合，构成了茉莉花茶特有的品质：气清芬芳、浓郁鲜灵、香而不浮、鲜而不浊、滋味醇厚、齿颊留香、余味悠长。

2. 浦城丹桂花茶

除了福州茉莉花茶，福建产的花茶类还有浦城丹桂红花茶等。浦城县是"中国丹桂之乡"，当地栽培丹桂的历史悠久。现有桂花面积7万余亩，年产鲜桂花50万公斤，面积和产量均位居全国首位。2023年10月，浦城县"丹桂花茶窨制技艺"列入南平市第十批非物质文化遗产项目名录。丹桂茶窨制技艺，是以浦城特有丹桂为原材料，红茶、绿茶、白茶、乌龙茶等作茶坯，按一定比例拌和鲜花，在鲜花吐香和茶坯吸香的过程中，将馥郁的桂花香和茶香融为一体，茶汤甘甜、香醇，风味独特。

丹桂花茶

第三讲　福建饮茶文化与艺术

福建是我国重要的茶叶产地，自唐五代开始，由于优越的地理气候和悠久的产茶历史，再加上统治阶级的技术扶持和政策鼓励，福州和建州两地的茶叶生产迅速规模化，成为最重要的茶叶生产基地，并设立一定数量的官方茶园，如当时的鼓山半岩茶和建州的武夷茶都是进贡物品。唐代陆羽在《茶经》里也有关于福州、建州、泉州出产"其味极佳"优质名茶的记载。发展到宋代，贡茶产制中心从浙江湖州转移到福建建安（治所在今福建省建瓯市），因福建所产的茶叶极具特点，制作精良，品质超群，御贡皇家数百年。曾任福建路转运使的丁谓言之："建安茶品，甲于天下，疑山川至灵之卉，天地始和之气，尽此茶矣。"建州茶则又以北苑所产茶叶为最精，素有"建宁蜡茶，北苑为第一"的说法，故宋人周绛称之为"天下之茶建为最，建之北苑又为最"。北苑龙凤茶地位显赫，由此而产生的北苑茶风中的点饮茶法，达到了饮茶艺术的顶峰。清代，福建乌龙茶和红茶的创制，出现了重啜饮的工夫茶法，成为中国饮茶文化中的精粹。茶作为一种雅俗共赏的饮品是联络不同社会阶层的通道，同一地域不同群体的饮茶习惯在这条通道上交融碰撞，演绎出奇妙有趣的饮茶风尚。

一、来试点茶三昧手：宋代茶事风雅

宋代饮茶之风盛行，形成一个完整而成熟的品饮体系。在政治上受到官焙龙凤茶特贡的制度支持，文化上有蔡襄《茶录》和赵佶《大观茶论》等茶书的推崇，由此而形成的点饮之法，技艺高超极具艺术美感，文人士大夫以此为雅事。

点茶法是将茶叶研磨成末，置入茶碗（盏）注水冲点，同时用茶筅用力搅拌（又称"击拂"）以使茶与水完全融为一体，茶末上浮，形成粥面的品饮艺术。即茶汤要有一层极为细小的白色泡沫浮于盏面，称为"乳聚面"，俗称咬盏。反之，点过的茶汤表面泡沫散去，与水分离开来，称为"云脚散"。点茶的成败要看"汤花和汤色"，以汤色白、汤花咬盏时间持久为胜，这与茶叶品质、水、器、点茶技艺等要素有关。

（一）点茶之茶

1. 茶有真香

宋代点茶以团饼茶为主要原料，"龙凤团饼"为最，代表团饼茶在色香味形上的最高艺术成就。如王禹偁在《龙凤茶》中称："香于九畹芳兰气，圆似三秋皓月轮。"丁谓也在《北苑焙新茶》中称赞北苑茶香，曰："细香胜却麝，浅色过于筠。"赵佶在《大观茶论》中称"茶有真香，入盏则馨香四达，秋爽洒然"。宋代初期的茶饼多有加入名贵香料增香的行为，但对真正的爱茶人而言，不加外物修饰的真香才是极品。

2. 茶色贵白

宋人对茶色最为重视，赵佶在《大观茶论》中称茶汤沫饽"点茶之色，以纯白为上，青白为次，灰白次之，黄白又次之"。茶汤沫饽的颜色，与制茶工艺关系密切，也反映了茶叶的质量。纯白的茶汤，表明茶质鲜嫩，采摘时间、制作工艺恰到好处；制茶时，若蒸压不及时、火候不到位，沫饽易呈黄白、青白之色，若蒸压火候过头，又会呈灰白色。汤色泛黄，说明茶叶采制不及时；倘若汤色泛红，则说明茶叶烘焙时过了火候。

茶色贵白（朱惠平／摄）

点茶用茶以白茶为极品，而其时白茶又极为稀少。由于茶饼在干燥成型后又用膏油涂抹表面，从色泽上很难评判茶叶的品质。故点茶才是检验茶饼品质的关键。

3. 茶味甘香重滑

赵佶在《大观茶论》中称："夫茶以味为上。甘香重滑，为味之全，惟北苑、壑源之品兼之。"甘香重滑是宋人对茶味的极致追求。滋味的好坏，与茶的采制密切相关。如蒸压太过的茶，滋味醇厚但缺少骨感；茶枪是茶树初萌未展的嫩芽，采摘茶芽时，茶枪过长，其滋味初饮虽甘厚，但会有微涩之感；茶旗是茶芽刚刚展开而成叶者，茶芽采摘不及时，叶已初展，做出来的茶就会苦，茶旗过老的话，初感微苦，但饮罢之后反而有回甘。至于品质卓绝的茶叶，具有真灵味，与一般的茶自然不同。

宋人将茶叶品评对于色、香、味、形的要求标准全部提了出来，四项指标之中，滋味最重要，"甘香重滑，为味之全"，可以说概括出了茶味的真谛。而茶若要达到甘香重滑的滋味，除了依法及时制作外，茶叶原料的质量也很重要。

（二）点茶之水

水质是影响茶叶品质的关键，唐人煎茶讲究水质，此理后世袭之。陆羽在《茶经》中论宜茶用水："其水，用山水上，江水中，井水下。其山水，拣乳泉石池漫流者上。"对山水、江水和井水进行了优劣排序。宋人点茶以"清轻甘冽为美"，唐人言及的中泠、谷帘、惠山，一般并不常得。要以就近方便取用为前提，首选"山泉之清洁者，其次则井水之常汲者为可用"。苏轼的《惠山谒钱道人烹小龙团登绝顶望太湖》"独携天上小团月，来试人间第二泉"用的即惠山泉。

此外，水沸程度也尤为关键。一般沸水有一沸、二沸、三沸之说，也有蟹眼、鱼眼、腾波鼓浪之说，是为候汤。如黄庭坚《戏答荆州王充道烹茶》"龙焙东风鱼眼汤"，又如白玉蟾《茶歌》"蟹眼已没鱼眼浮"。由于宋代是用磨细的茶粉点茶，水熟程度一般控制在二沸左右，如蔡襄《试茶》"蟹眼青泉煮"，黄庭坚《西江月·茶》"松风蟹眼新汤"，皆是对茶汤嫩度的要求。

（三）点茶之器

蔡襄在《茶录·论茶器》中谈烹茶所用器具，有茶焙、茶笼、砧椎、茶钤、茶碾、茶罗、茶盏、茶匙、汤瓶等。其中，茶焙用于烘焙茶叶，茶笼用以藏茶。茶钤，用来夹取茶饼以炙烤茶叶。砧椎、茶碾用以碎茶、碾茶，后用茶罗筛一遍。与点茶密切相关的是茶盏、茶匙与汤瓶。

油滴建盏（日本大阪市立东洋陶瓷美术馆藏）

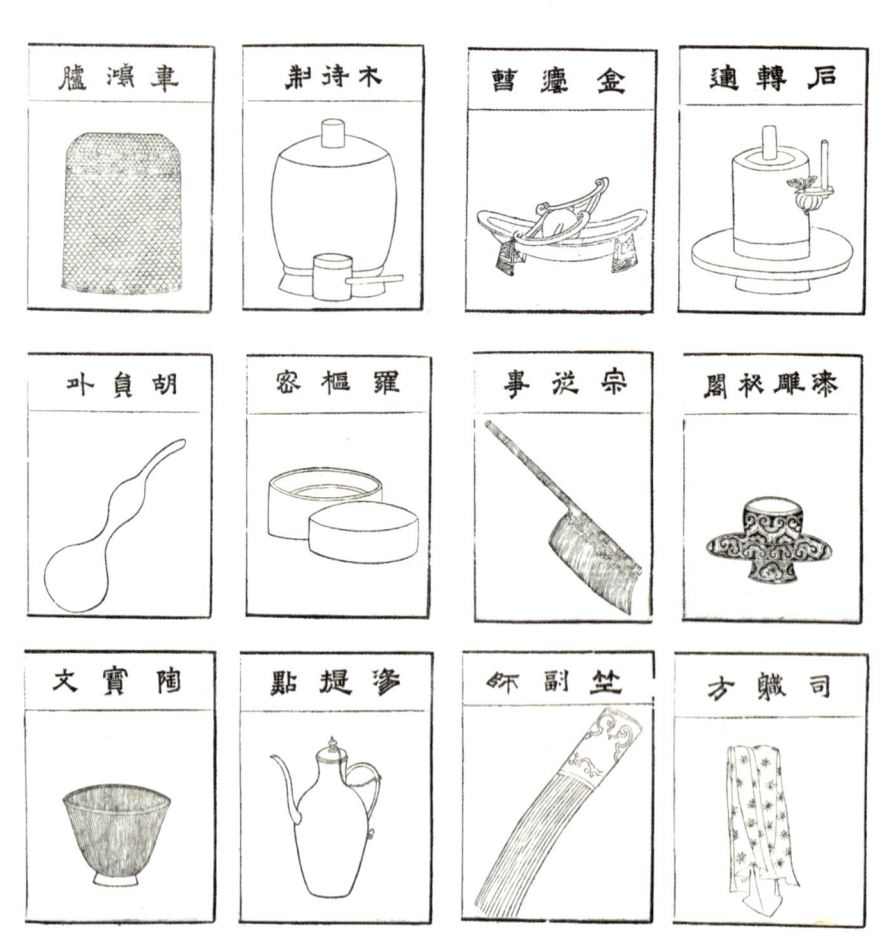

《茶具图赞》之茶具十二先生

1. 茶盏

为了更好地衬托汤色，提升斗茶的美学价值，宋代茶盏选用黑釉瓷具，当时盛产黑釉茶具的著名窑口有福建建窑、江西吉州窑、山西榆次窑等。其中以福建建窑生产的"建盏"为上品。建窑遗址位于今福建省南平市建阳区水吉镇。建窑创烧于晚唐、五代时期，当时以烧造青釉瓷器为主，兼烧少量黑釉瓷。宋代是建窑的兴盛时期，大量烧造黑釉茶盏，兼烧部分青釉、青白釉瓷。武夷山遇林亭窑址，是我国现存规模最大、保存最完整的建窑系重要的遗址之一。遇林亭窑址的瓷器产品以"茶盏"类茶具为大宗，并普遍存在精、粗兼备，黑釉、青釉瓷器并烧的现象，出土了大量釉色绀黑发亮、古朴美观的建盏，内有明晰艳丽的兔毫纹。特别重要的是发现了一批"描金、银彩"的黑釉瓷碗，在中国乃至世界同类窑址中属首次发现，在国际传世品中极为罕见。

武夷山遇林亭窑址

建窑烧造的黑釉茶盏,因其色呈黑紫,又名"乌泥建""黑建""紫建""紫盏"。茶盏绀黑的釉色,与点茶形成的雪白汤花形成鲜明而绚丽的对比,给人以视觉的享受。蔡襄在《茶录》中论述:"茶色白,宜黑盏。建安所造者绀黑,纹如兔毫,其坯微厚,熁之久热难冷,最为要用。出他处者,或薄,或色紫,皆不及也。其青白盏,斗试家自不用。"宋代首推黑釉盏,又以建窑兔毫盏为最,宋诗中屡屡提及。如梅尧臣《次韵和永叔尝新茶杂言》"兔毛紫盏自相称",欧阳修《和梅公仪尝茶》"喜共紫瓯吟且酌",黄庭坚《和答梅子明王扬休点密龙》"兔褐金丝宝碗"等。除兔毫盏外,"鹧鸪斑""油滴盏"等釉色,也颇受文士们的欢迎。杨万里在《陈蹇叔郎中出闽漕别送茶》中提到"鹧斑碗面云萦字",即鹧鸪斑。

2. 茶匙

用于击拂茶汤使茶水混匀而产生沫饽的器具。茶匙要有重量,搅拌起来才能有力。黄金的最好,民间用银或铁制作。竹制的重量太轻,点试建茶是不用的。而后,击拂用器逐渐改进,出现了茶筅,利于击打茶汤。

茶筅、茶盏与汤瓶(金代墓壁画)

3. 汤瓶

点茶注水之用，腰细便于候汤，而且点茶时便于把握所加的水量。黄金的最好，民间用银、铁或瓷、石等材质制作。

此外，还有清理茶末的茶帚，清洁茶器用的茶巾，煮水用的风炉，盛放茶器用的都篮等器具。

（四）点茶之技

宋人饮茶犹重审美程序的呈现，强调的是视觉感受，体验的是在点茶过程中获得水乳交融的感觉。苏轼在《送南屏谦师》中诗曰："道人晓出南屏山，来试点茶三昧手。""三昧手"就成了点茶技艺高超的代名词。苏东坡自己也是一位点茶高手，但对谦师之点茶技艺，还是佩服不已，足见谦师点茶技艺之高。梅尧臣在《次韵和永叔尝新茶杂言》中说"烹新斗硬要咬盏，……从揉至碾用尽力"，又在《尝茶和公仪》中说"汤嫩水轻花不散，口甘神爽味偏长"。可见，点茶技艺对沫饽的浓密与咬盏的持久性，以及茶汤滋味的好坏均有影响。而宋徽宗赵佶，更是将点茶技艺体现得出神入化。他在《大观茶论》中提到点茶，要求极高，点茶注水的次数要达到六至七次，每次注水的量、角度、方向都有不同要求，称为"七汤"点茶法。

点茶作为饮茶艺术的顶峰，不仅为古今茶人津津乐道，作为非物质文化遗产，在当今社会的爱茶人士中依然具有很强的生命力。关于点茶的方法，在蔡襄的《茶录》和宋徽宗的《大观茶论》中均有详细记载，结合两者总结点茶的主要程序有：炙茶、碾茶、候汤、燲盏、点茶。

1. 炙茶

炙茶是针对陈年旧茶而言，除当年新茶外，一般都需要炙茶。在研磨之前，通常会先将茶饼用沸水浸泡，洗去表面油膏，再用微火炙烤，从而提高茶叶的色香味。蔡襄在《茶录》中说："茶或经年，则香色味皆陈。于净器中以沸汤渍之，刮去膏油，一两重乃止，以钤箝之，微火炙干，然后碾碎。若当年新茶，则不用此说。"

2. 碾茶

包括碎茶、碾茶、罗茶，目的是使茶粉细腻。

碎茶：无论是草茶还是团茶，均须先把茶叶研磨成末。具体操作为：用绢纸包裹，用砧椎捶碎，称"碎茶"。

碾茶：将碎茶碾碎。最为关键的是茶叶捶碎后要立刻碾磨，茶色才会白；如果放置超过一夜，茶叶氧化后色泽变暗，则会影响点茶。

罗茶：为使茶末更细致，碾成茶粉后要用罗筛过滤。越细的茶末越易与水相溶，便于击打出细密的汤花。

3. 候汤

即判断点茶用水的沸腾程度。点茶对水的火候要求很高，煮水过老和过嫩都会影响茶汤的滋味和点茶的效果。

关于煮水，唐人用鍑，可以目测，多靠声音和气泡形状判断煎水的程度，讲究"三沸"。视觉上，一沸为"鱼目"，二沸为"涌泉连珠"，三沸为"腾波鼓浪"。而宋人煮水多用汤瓶，因瓶口很小，看不到气泡状态，只能凭声音来辨别，称一沸为"砌虫万蝉"，二沸为"千车捆载"，三沸为"松风涧水"。

4. 熁盏

准备点茶时，须先把茶盏放到文火上烤热，易于激发沫饽，且咬盏持久。如果茶盏是冷的，饽沫就无法漂浮。

5. 点茶

点茶的目的是使茶与水充分融合激荡产生丰富而细腻的泡沫，直至完全掩盖汤面不露水痕为止。

其中，调膏是点茶的关键。具体操作是先将茶末置入茶盏，加少许沸水调匀成膏状。然后边注汤边用茶筅击拂点茶，待茶色看上去鲜亮纯白，汤花细碎、咬盏均匀时提筅出盏，不易出现水痕的为最上等。

沫饽（朱惠平/摄）

茶水比也是点好一盏茶的关键。蔡襄在《茶录·点茶》中说："茶少汤多，则云脚散；汤少茶多，则粥面聚。钞茶一钱匕，先注汤调令极匀，又添注入，环回击拂。汤上盏可四分则止。视其面色鲜白，着盏无水痕为绝佳。"一般每盏茶取一钱匕（合今2克多）的茶末量，加水离盏口大约四分即可。

（五）点茶艺术

宋代茶道的成熟，更加注重饮茶过程的艺术性和美感体验，形成具有审美体验的"分茶"。彼时流行的点茶法不仅在文士圈、宫廷、寺庙之间盛行，更在民间广为流传，并形成了具有民间特色的带有竞赛和游戏性质的"斗茶"。

1. 斗茶

斗茶，又称斗茗、茗战，始于唐五代，盛于宋。斗茶是古人品评茶叶品质优劣和点茶技艺高下的一种方式，具有很强的胜负色彩，富于趣味性和挑战性。范仲淹《和章岷从事斗茶歌》有"斗茶味兮轻醍醐，斗茶香兮薄兰芷。其间品第胡能欺，十目视而十手指。胜若登仙不可攀，输同降将无穷耻"句，形象地描绘了当时民间斗茶的热闹场景。

斗茶优胜的评判有两条标准：一是斗色，看茶汤表面的色泽和沫饽均匀程度，以茶汤表面色泽鲜白、沫饽细腻为胜；一是斗水痕，看汤花咬盏的持久度，即汤面沫饽持续时间的长短，以无水痕者为佳。如果茶叶研磨够细、匀，点汤、击拂恰到好处，汤花、饽沫就匀细，能够"咬盏"，久聚不散。如果沫饽很快散开，露出水痕，则判为负。《茶录》中说："建安斗试，以水痕先者为负，耐久者为胜，故较胜负之说，曰相去一水、两水。"斗茶通常为三局二胜，一场胜负称为"一水"，故当时多有胜二水、负一水之类的说法。

2. 分茶

分茶，又称汤戏、水丹青，始于唐五代，盛于宋元。分茶历史上早已有之，如《茶经》中的"酌分入碗"，至宋代则有了游艺幻化的元素。茶百戏为其中一种，始见于陶谷《清异录》："茶至唐始盛，近世有下汤运匕，别施妙诀，使汤纹水脉成物象者，禽兽虫鱼花草之属，纤巧如画，但须臾即就散灭。此茶之变也，时人谓之'茶百戏'。"

分茶是在点茶的汤面上"下汤运匕"，使茶汤与水交融过程中形成短暂物像的幻化现象，是一种十分富有雅趣的点茶戏法。陆游《临安春雨初霁》中描述了分茶："矮纸斜行闲作草，晴窗细乳戏分茶。"将分茶归于闲情雅事之列。分茶极具艺术审美和休闲雅致的趣味，也有很多不确定性。山水、草木、花鸟、虫鱼等各种图案在汤面幻化，正是这种转瞬即逝的美，令人着迷，为宋人提供了一种雅玩的情趣，受到朝廷和大批文人的推崇，历代文人都留下浓墨重彩的一笔。

点茶之所以在两宋时期如此盛行，绝妙之处就在于它的静态美与动态美的结合，既可以自娱自乐，也能主客互赏。梅尧臣《次韵和永叔尝新茶杂言》中说"晴明开轩碾雪末，众客共赏皆称嘉"。宋代婉约精深的时代特征造就了其特有的点茶盛世，它将茶性的空灵淡泊与茶人理想中的返璞归真、恬淡超脱、自适潇洒的意趣完美融合，让茶成为生活中的审美对象，让品茶成为一次审美的流程。

点茶随着宋代对外贸易的发展，远播海外，特别是传到日本后至今仍旧保留着点茶文化的历史痕迹。点茶法同时也被列入非物质文化遗产名录，在当今国人的日常饮茶中保留，丰富了茶文化内涵。

二、一杯啜尽一杯添：工夫茶文脉

元明清时期是福建北苑茶风瓦解，新的地域茶风酝酿并形成的阶段。元代是饮茶文化的缓冲时期，蒙古族建立起的庞大王朝，由于多元民族融合，饮食习惯、生活方式、文化等与两宋差异较大，虽承袭宋代贡制，却使得饮茶方式打破了北苑茶风的框架，饮茶变得自由而不受拘束。明初朱元璋罢团兴散，福建开始探寻新的制茶技法。明末清初，随着安徽松萝茶制法的引进，为福建茶的技术改良找到了方向。清朝中后期，这种改良的炒焙结合的武夷茶率先创制成功，形成了半发酵武夷岩茶制作技艺，并逐渐向闽南、粤东和台湾等地传播。

福建饮茶新风在制茶工艺改革的基础上，伴随着乌龙茶、红茶技术的日臻成熟而逐渐形成一种地域品饮风气——小壶小杯啜饮的工夫茶法。

（一）工夫茶其名

历史上的工夫茶最早指茶叶花色名称，它源于武夷，是高品质武夷茶的代名词。庄晚芳在《中国茶史散论》论道："不管以地名或茶树名，乌龙茶是沿袭武夷岩茶的制法，由采摘到焙制方法完全与武夷岩茶相同。可见乌龙茶工艺的源头就是武夷岩茶。"随着茶叶种类的变更，工夫茶逐渐从茶叶名称转变为品饮方式名称，现在泛指乌龙茶和红茶的泡饮法。"工夫茶"，见清代陆廷灿《续茶经》卷下"茶之出"引《随见录》："武夷茶，在山上者为岩茶，水边者为洲茶。岩茶为上，洲茶次之。岩茶，北山者为上，南山者次之。南北两山，又以所产之岩名为名，其最佳者，名曰工夫茶。"指出武夷茶中以"工夫茶"品质为最佳，然产量极少，这就更加凸显工夫茶在岩茶中的地位。清代刘靖在其《片刻余闲集》中亦记载："武夷茶高下共分为二种，二种之中，又各分高下数种。其生于山上岩间者，名岩茶。其种于山外地内中，名洲茶。岩茶中最高者曰老树小种，次则小种，次则小种工夫，次则工夫，次则工夫花香，次则花香。"吴觉农《中国地方志茶叶资料选辑》中写道："武夷岩茶和红茶都有称为工夫茶的品种。"民国之后，岩茶中就不存在以"工夫"命名的茶类了，而红茶中则有工夫红茶一类。香港茶人杨智深从制茶法角度探讨了泡茶法的改变：

> 武夷山儒释道三教同山，俯仰宇宙，细察物理者多。自宋明理学流行，奉行道家"勿折初生"之戒律者甚众，眼底细芽犹卷，嫩芽未舒，实即夭折，中有人决议，试延后一节气，采摘三叶一芽之朵蕊。一声春雷天下惊。初始所采之整茶，试诸红绿二种制法，竟不能佳。
>
> 应为谙熟丹药的道士，以其深厚的科学物理经验，横空出世了"摇青"技术，奠定了茶叶部分红转，三红七绿的原则，后又

> 反覆推敲，三道焙火，以致成茶的工期需要半年之久，比之绿茶顷刻、红茶数天制成，世人敬称此份心意为"工夫茶"，意谓沉潜用意，不计工夫。在泡法上也追慕前人的浓稠饱嘴，以少许胜多许的余韵，实行小壶小杯。根据袁枚记载，壶小如香橼，杯小如核桃，典型已备，不可推翻。唯后世踵增华，壶越小，杯越小矣。

所言颇在理，道出了工夫茶在制法与泡法上的直接关联。

（二）工夫茶法

工夫茶演变成泡饮法，初见于武夷茶，在清初已有叙述，袁枚饮茶，虽未提及工夫二字，实则即工夫茶法："余向不喜武夷茶，嫌其浓苦如饮药然。丙午秋，余游武夷到曼亭峰、天游寺诸处，僧道争以茶献。杯小如胡桃，壶小如香橼。每斟无一两，上口不忍遽咽，先嗅其香，再试其味，徐徐咀嚼而体贴之，果然清芬扑鼻，舌有余甘。一杯之后，再试一二杯，令人释躁平矜，怡情悦性。始觉龙井虽清而味薄矣，阳羡虽佳而韵逊矣，颇有玉与水晶品格不同之故，故武夷享天下盛名，真乃不忝，且可以瀹至三次，而其味犹未尽。"相关的，又见康熙《漳州府志》中《民风》篇："灵山寺，出北门十里，地宜茶，俗贵之，近则移嗜武夷茶，以五月至，至则斗茶。必以大彬之罐，必以若深之杯，必以大壮之炉，扇必以琯溪之蒲，盛必以长竹之筐。凡烹茗，以水为本，火候佐之。水以三叉河为上，惠民泉次之，龙腰石泉又次之，余泉又次之。穷山僻壤，亦多耽此者。茶之费，岁数千。"文中从茶叶、茶具到烹茶之水的论述，言工夫茶品饮需配大彬壶、若深杯、竹筐、好水等，说明品饮方式的精巧优雅。工夫茶流传至今，已经成为中国的茶艺代表，也是国家级和联合国教科文组织非物质文化遗产项目。

1. 茗必武夷

清代，工夫茶泡饮多用乌龙茶，周凯在《厦门志》中记述："俗好啜茶，器具精小，壶必曰孟公壶，杯必曰若深杯，茶叶重一两，价有贵至四、五番钱者，文火煎之，如啜酒然，以饷客，客必辨其色香味而细啜之，否则相为嗤笑，名曰工夫茶。或曰君谟茶之讹，彼夸此竞，遂有斗茶之举。"我国台湾史学家连横亦在《雅堂文集》中说："台人品茶，与中土异，而与漳、泉、潮相同。盖台多三州人，故嗜好相似。茗必武夷，壶必孟臣，杯必若深。三者为品茶之要，非此不足自豪，且不足待客。"亦见武夷茶为工夫茶法之必要。

武夷茶制茶技术上的改革，加上其独特的地理环境和精湛的加工工艺，塑造了武夷岩茶"岩骨花香"的独特风味。从清人阮旻锡《武夷茶歌》中"心闲手敏工夫细"的制作工艺，足可见武夷岩茶制作之精细。乾隆帝在《冬夜煎茶》诗中形容它"清香至味本天然"。袁枚有《试茶》诗："杯中已竭香未消，舌上徐停甘果至"。梁章钜则提出等级从低至高的"香、清、甘、活"岩韵要义。乾隆《冬夜煎茶》"就中武夷品最佳，气味清和兼骨鲠"句，表达的也是武夷茶滋味刚正而有筋骨的特质。

2. 器重小壶小盏

工夫茶器，以小壶小盏为特色，胡方《张在君斋尝新建茗》："炉荧角坼莲，杯容唯半口。壶限但如拳，经论皆更创。"魏荔彤《闽漳竹枝词》云："闽中品茶，壶盏甚小，名为工夫茶。"相关史料还见清道光《厦门志》、连横《雅堂文集》等。最早由"大彬罐""若深杯""大壮炉""时家壶"组成，后来发展到"工夫四宝"，分别是潮汕炉（烧火炉）、玉书煨（烧水壶）、孟臣罐（紫砂小壶）、若深瓯（白瓷小杯）四件泡茶器具。

其中大壮炉为漳属南靖县马坪人许大壮所制的烘炉，工夫茶盛行初期使用较多，此炉以白土制作，色如施粉，雕刻华丽工致，后因实用性不及潮汕炉而被替代。

潮汕炉选用红泥土烧制，器身通红古朴，炉胆小而身高，便于集中火力，且设有炉盖、炉门，易于调节火温。潮汕红泥炉主要指副榜炉，据《永定县志》记载，副榜炉系福建龙岩永定峰市镇副榜童祖宠（1703—1799）创制，距今已有280多年历史。因其做工细致、器型典雅、实用节能、不俗不燥，颇受欢迎。副榜炉的烧造采用平地起窑的方式，烧制温度较低，烧透的炉，皮壳油亮，伴随着每次使用的高温烧结，越用硬度越好，越耐用，是可以养的炉，具有文玩的通性。

副榜炉（刘宏飞／摄）

清雍正—乾隆　陈鸣远制朱泥壶、青花山水人物茶盘、"若深珍藏"青花茶杯及锡茶罐等工夫茶器（1990年福建漳浦县蓝国威墓出土　漳浦博物馆藏）

玉书煨是一种陶制的烧水壶，以广东潮州枫溪制造者最为有名。相传因出自名叫玉书的名匠之手而得名。其形状圆扁，口底小而肚大，盖薄，有短的出水管和手柄，水开时，薄而小的顶盖可随蒸汽冒出而掀动，并发出"扑扑扑"的声响，此时的水温泡茶最为适宜。

孟臣罐为宜兴制壶名家惠孟臣所制，其壶以小著称，多为紫砂水平壶，有圆、扁、束腰、平底等造型，外观雅致而风格独特，是历来茶人沏泡工夫茶首选之壶具。

若深瓯产于江西景德镇，以善制瓷器的名匠若深知名，因其质轻而坚，注汤后持之不热而香留底，故得时人赞誉。

总的来说，正如袁枚饮武夷茶"杯小如胡桃，壶小如香橼"，小壶小杯为工夫茶一大特色。

3. 择水有讲究

水质是影响泡茶极为关键的因素之一，自古以来，茶人都十分重视泡茶用水的选择。明代张大复在《梅花草堂笔谈》中提到："茶性必发于水，八分之茶，遇十分之水，茶亦十分矣；八分之水，试十分之茶，茶只八分耳。"优质的泉水是最好的泡茶用水，工夫茶用水也如其他茶类一般，要求清、轻、甘、洁、活。福建地区雨量充沛，地下水储量丰富，泉水清冽甘活，自古名泉众多。如闽东的龙腰苔泉、鼓山灵泉、周宁珠帘泉等；闽北的武夷水帘洞九星泉、武夷通仙井呼来泉、邵武乳泉、建瓯石心泉、泰宁醴泉、顺昌间歇泉等；闽西的龙岩灵源泉、漳平文广泉、宁化金钱泉等；闽南的清源虎乳泉、清水岩圣泉（云中山晋江源、云水谣阴阳井）、东山滴玉泉、漳州三平寺圣泉、漳州灵通山瀑泉等，均为古人泡茶的优质水源。其中，龙腰苔泉为五代闽国四大名泉之一，泉水清甜，宋蔡襄知福州时，烹茶必取此泉。鼓山龙头泉始建于元延祐二年（1315），此泉几百年来久旱不竭，

水质纯净，属优质矿泉水。鼓山乘云亭灵泉水质甘甜清洌、沁人心脾。

由于乌龙茶本身的特质，其对水温有较高的要求。乌龙茶采摘以一芽三四叶为标准，且鲜叶要达到一定的成熟度，再经繁琐的工序，方能做出乌龙茶香浓味醇的特质。因此在行工夫茶法冲泡乌龙茶时，要求用沸水，才能激发乌龙茶独特的色香味。此外，工夫茶需趁热品饮，泡茶时要注意保持水温和壶温。

苔泉

夏敬观在《陈石舫招饮岩茶闻所藏尚有大红袍品最上赋此以坚后约》诗中有"晶铛电火赤腾光，浇熟砂壶百沸汤"的说法，讲的就是工夫茶法中壶、水、茶三者的关系，故有百沸汤之说。

4. 工夫茶规程

工夫茶法，能充分调动人的感官能动性，将乌龙茶在嗅觉和味觉上的魅力发挥到极致，具有很强的观赏价值和浓郁的艺术和生活情趣。清咸丰年间，高继珩《蜨阶外史》中有关于工夫茶法的描述：

工夫茶，闽中最盛。茶产武夷诸山，采其芽，窨制如法。友人游闽归，述有某甲家巨富，性嗜茶，厅事置玻璃瓮三十，日汲新泉满一瓮，烹茶一壶，越日即不用，移置庖湢，别汲第二瓮备用。童子数人皆美秀，发齐额，率敏给，供炉火。炉用不灰木，成极精致，中架无烟坚炭数具，有发火机以引光奴焠之，扇以羽扇，焰腾腾灼矣。壶皆宜兴沙质,龚春、时大彬,不一式。每茶一壶,需炉铫三候汤,初沸蟹眼,再沸鱼眼,至联珠沸则熟矣。水生汤嫩,过熟汤老,恰到好处,颇不易,故谓"天上一轮好月,人间中火候一瓯",好茶亦关缘法,不可幸致也。第一铫水熟,注空壶中,荡之泼去;第二铫水已熟,预用器置茗叶,分两若干,立下壶中,注水,覆以盖,置壶铜盘内;第三铫水又熟,从壶顶灌之,周四面,则茶香发矣。瓯如黄酒卮,客至每人一瓯,含其涓滴咀嚼而玩味之。若一鼓而牛饮,即以为不知味,肃客出矣。茶置大锡瓶,友人司之。

这是清代后期福建工夫茶的烹饮之法,器具用的是宜兴紫砂壶;冲泡用新泉,须三铫和三沸;冲泡前烫壶,置茶后淋壶;品饮时热饮,咀嚼玩味;藏茶用锡瓶,极为讲究。

清代俞蛟在《潮嘉风月记》里讲工夫茶的烹治之法,"器具更为精致""杯盘极工致""壶出宜兴佳""杯小",冲泡时先将泉水贮铛,用细炭煎至初沸,水烧开后,先用沸水烫壶,尔后"投闽茶于壶内冲之,盖定,复遍浇其上",饮时"斟而呷之"。这种工夫茶的冲泡及品饮精致讲究,极大地丰富了我国茶文化的内容,形成一种新型的冲泡形式,可以说工夫茶道是我国饮茶方式发展到较高水平的产物。

工夫茶的冲泡程序,归纳起来有如下步骤。

(1)备器择水:先备茶具,必洁必燥。茶具选用宜兴紫砂壶;茶瓯以纯白为佳;泡茶用水以山泉水为上。如有贮水,则需要贮水瓮、舀水瓷瓯或锡瓢;储存茶叶的锡罐。

(2)候汤烫壶:煮水须注意火候,待炉火通红,茶铫始上,水一入铫,便须急煮,水要煮至纯熟为宜。投茶前先投注少许沸水祛荡壶、盏冷气,烫壶后倒出。

（3）投茶润茶：量壶投茶，加入沸水润茶以苏醒茶性。这一步"注水、激荡、出水"须一气呵成，速度要快。

（4）悬壶高冲：高冲注水，目的是借助水的冲力使茶叶在壶中翻滚，叶面尽快舒展开来与高温的水充分接触，散发出茶香。整个过程必须水流不断，注满为止。

（5）刮沫淋壶：注水之后，茶叶中的杂屑会上浮，夹杂在壶口浮沫中，须用壶盖刮去。然后盖上壶盖后淋壶，是为了保持壶内高温，给茶与水的交融创造更好的环境。

（6）巡壶分茶：工夫茶分茶讲究高冲低斟，要做到分杯时茶汤均匀，这就需要靠巡壶和点斟分茶来完成。巡壶斟茶时，盏口相接，茶汤来回斟注，周而复始，最后杯内少许茶汤采用点斟的手法均匀分至各个杯中。

工夫茶泡法（刘宏飞／供图）

（7）主客共品：品工夫茶需趁热"啜品"，一般"先嗅其香，再试其味"，细咽慢品以领略其无限韵味。

（8）收杯洁具：汤铫瓯注，最宜燥洁。品饮完毕，将杯收拾整理，杯中残沉，必须清洗干净，以备再次使用，如若存有残渣废汤，必会夺香败味。

随着闽、粤、台地区乌龙茶产业和文化的不断发展，工夫茶泡法也不断融入新的元素，并形成各具特色的地域茶文化。如福建闽北的"武夷茶艺"、闽南的"安溪铁观音茶艺""闽南工夫茶"、广东的非遗"潮汕工夫茶艺"、台湾新创的"吃茶流小壶泡法"等众多流派，它们既保留了工夫茶"小壶小杯"和"淋壶热饮"的特色，同时又根据茶类特点融入了诸如闻香、坐杯等新的概念。工夫茶这一传统泡茶技法，作为联合国教科文组织非遗项目，必将随着茶文化的复兴和时代的发展，得以继续发扬光大。

三、烹之有方饮有节：闽茶品饮之道

福建茶文化凝聚着地理灵性，茶类的创制数量最多，品茶的技艺也数福建最奇，福建茶在中国茶叶发展史乃至世界茶叶发展史上，具有重要的历史地位和文化价值。乌龙茶、红茶、白茶、绿茶、花茶争奇斗艳，在八闽山水中，释放清芬的茗香。

（一）乌龙茶品饮艺术

福建为乌龙茶的发源地，"工夫茶"的故乡。按地域可分为闽北乌龙茶与闽南乌龙茶（见前讲）。其中闽南乌龙茶做青时发酵较轻，增加了包揉工序，外形为卷曲的颗粒型；闽北乌龙则为条索状；漳平水仙，是紧压型乌龙茶，通过压模造型，并以包装纸扎紧，用米浆粘封，形成扁平四方型紧压茶饼。

1. 乌龙茶的冲泡

（1）乌龙茶的冲泡器具

乌龙茶的冲泡要体现其真香和妙韵，福建乌龙茶继续保留了"小壶小杯"的冲泡传统，并随着茶文化的普及和盖碗茶具的流行，盖碗作为冲泡器具也在乌龙茶冲泡中广泛使用。目前常用的乌龙茶冲泡器具组合为壶（或盖碗）搭配公道杯、品茗杯使用。武夷山大红袍茶艺也有用两个紫砂壶搭配品茗杯使用的。其中，一个茶壶用来冲泡茶叶，称"母壶"；一个用来匀汤分汤，称"子壶"，公道杯的作用相同。

用紫砂壶冲泡，首先，因紫砂传热慢，保温性好，而且壶内有双重气孔，能够更快地适应冷热急变，透气性好；其次，紫砂具有独特的聚香性，有提香吸除异味的作用，能够更好地保留住乌龙茶的香气。

白瓷盖碗因其质地洁白细腻，润泽如脂，温润似玉，泡茶优雅大方，不吸香，不夺味，能很好地释放茶叶色香韵，加上性价比高、实用性强，而受到人们的喜爱，成为闽人日常泡茶的必备茶具。白瓷以江西景德镇所产最负盛名，素有"白如玉，明如镜，薄如纸，声如磬"之美誉。

紫砂壶冲泡（傅娟／摄）

福建德化窑也盛产白瓷，具有瓷质致密，釉面滋润如玉，色泽光润明亮，乳白如脂，透光性好的特点，一般以"猪油白""象牙白""鹅绒白""中国白"形容其美质，享有世界艺术瑰宝的崇高地位。

（2）乌龙茶的冲泡要领

乌龙茶注重闻香和品味，一般投茶量较大。通常茶水比为1：22，即用5克茶叶，需加水110毫升。如以壶的体积来判断的话，投茶量一般以壶的1/3（颗粒状的铁观音）至2/3（条索状的闽北乌龙）为宜。冲泡水温要用100℃的沸水，才能使茶的内质之美发挥到极致。如今，随着饮茶群体及饮茶习惯的需要，对乌龙茶的滋味产生了更高的要求，如用容量120毫升的器具冲泡，武夷岩茶的投茶量多以8克为宜，有些老茶客甚至投茶10~15克。投茶前要先温杯以提高杯温，便于激发茶香。若用壶冲泡，注水后还要用开水烫淋壶面，以提高壶内外温度。

乌龙茶由于原料采摘较为成熟，并且投茶量大，故非常耐冲泡。在浸泡时要注意控制时间，浸泡的时间过长，茶必熟汤失味且苦涩，出汤太快则色浅味薄韵弱。卷曲颗粒型的闽南乌龙茶在冲泡时浸泡时间第1次20~30秒，第2~3次20~25秒，之后每次递增10秒，冲泡次数7次。条索型的闽北乌龙茶在冲泡时浸泡时间第1~3次15~20秒，之后每次递增10秒，冲泡次数7次。好的乌龙茶"七泡有余香，九泡不失真味"。

（3）乌龙茶的品饮技巧

乌龙茶香高味醇，品饮特别重香求味，先闻其香，后尝其味，高冲浅斟慢饮，是品饮乌龙茶的特有韵趣。

品乌龙茶应"旋冲旋啜"，即边冲泡边品饮，才更能体会其中的工夫之道。所谓啜饮，即是将舌面上卷，做吹口哨状吸气，将吸入口腔的空气带动茶汤和香气分子到达喉部，然后闭上嘴巴慢慢咽下，同时从鼻孔呼气，通过啜吸能充分领略乌龙茶独特的岩韵、音韵和山韵。

2. 乌龙茶茶艺程序及解说

（1）岩骨花香的武夷大红袍茶艺

①冲泡器具及茶品

冲泡器具：紫砂壶1把，玻璃公道杯1个，白瓷品茗杯3～5个，开水壶1把，茶叶罐1个，茶荷1个，茶道组1套，奉茶盘1个，水盂1个，茶巾1条。

冲泡茶品：正岩大红袍。

②基本程序及解说

世界文化与自然双遗产的武夷山，不仅是风景名山、文化名山，而且是茶叶名山，更是名扬天下的中国茶王——大红袍的故乡。

静心事茶 茶须静品，冲泡品饮茶王，更要营造一个祥和肃穆的气氛，我们在泡茶之前需静心，随着悠扬的音乐进入品茶意境。

活煮山泉 冲泡乌龙茶的用水极为讲究，山泉水味甘洌清醇，是理想的泡茶用水，泡茶时，需煮至沸腾为宜。宋代大文豪苏东坡是一个精通茶道的茶人，他总结泡茶的经验时说："活水还须活火烹"。

叶嘉酬宾 叶嘉是宋代大文豪苏东坡对茶叶的美称，"叶嘉酬宾"即为鉴赏茶叶，将适量大红袍置于茶荷之中，向人展示其外形、色泽，以及嗅闻干茶香气。

孟臣沐淋 孟臣是明代制作紫砂壶的一代宗师，他制作的紫砂壶被后人视为至宝。"孟臣沐淋"就是用开水浇烫茶壶，目的是清洗茶壶并提高壶温。

若深出浴 茶是至清至洁，天孕地育的灵物，用沸水烫洗品茗杯使杯身杯底至清至洁，一尘不染，也是表示对嘉宾的尊敬。若深为清代时江西景德镇的烧瓷名匠,他烧出的白瓷杯小巧玲珑,薄如蝉翼,色泽如玉,极其名贵,后人为了纪念他,即把名贵的白瓷杯称为若深杯。"若深出浴"即为温烫茶杯。

茶王入宫 "臻山川精英秀气之所钟,品具岩骨花香之胜。"将名满天下的茶王大红袍,请入茶壶。

武夷岩茶盖碗冲泡(郭芷伊/供图)

高山流水　武夷茶艺讲究高冲水、低斟茶，高山流水有知音。悬壶高冲倾泻而下的热水，使茶叶在壶内随着水流翻滚，与水充分融合。

春风拂面　用壶盖轻轻刮去茶汤表面的白色泡沫，以使茶汤更加清澈亮丽。

重洗仙颜　用开水浇淋茶壶的外表，这样既可以烫洗茶壶的表面，又可以提高壶内外的温度，孕育出香，孕育出味。"重洗仙颜"为武夷山一处摩崖石刻，借以洗却茶人凡尘之心。

玉液移壶　将母壶孕育的茶汤注入公道杯中，以便于更好欣赏大红袍的汤色。

分杯敬客　将泡好的茶汤均匀地分至品茗杯中，然后用奉茶盘敬奉给客人。

三龙护鼎　即用大拇指和食指轻扶杯沿，中指紧托杯底，这样举杯既稳重又雅观。

喜闻幽香　大红袍香锐浓长，清香悠远，甜润鲜灵，变化无穷，如梅之清逸，如兰之高雅，如果之甜润，又称为"天香"。

鉴赏汤色　大红袍的茶汤清澈艳丽，呈深橙色，在观察时注意欣赏其层次感。

细品佳茗　品茶时，啜入一小口茶汤后，让茶汤在口腔中翻滚并冲击舌面，与味蕾充分接触，以便更精确地品出大红袍的真香、兰香、清香和醇香。

三品兰芷　大红袍七泡有余香，九泡仍不失真味。在品饮时，至少冲至3泡，细心品味感受每一泡的变化。3泡结束，饮尽杯中之茶，以感谢茶人与大自然的恩赐。

最后借大红袍茶艺，祝各位嘉宾生活像大红袍一样芳香持久，回味无穷。

（2）简古纯美的安溪铁观音茶艺

①冲泡器具及茶品

冲泡茶器：茶盘1个，白瓷盖碗1个，公道杯1个，白瓷品茗杯3～5个，茶叶罐1个，茶匙组合1套，茶荷1个，茶巾1条，随手泡1套。

冲泡茶品：安溪铁观音。

②基本程序及解说

安溪铁观音品饮艺术，讲究茶叶之优质、泉水之纯净、茶具之精美、茶艺之高雅、茶境之和谐。安溪铁观音茶艺，简古纯美，浓缩着中华茶艺的精华。细腻优美的动作，传达的是纯、雅、礼、和的茶道精神，体现了人与人、人与自然、人与社会和谐相处的神妙境界，使人们在品茶的过程中，得到美的享受，启发人们走向和谐健康的新生活。

神入茶境　泡茶前，首先营造一种宁静平和的品茶氛围。

烹煮泉水　好茶须好水。唐代陆羽《茶经》中讲："其水，用山水上，江水中，井水下。"山泉水味甘清纯，最宜泡茶。冲泡铁观音时，用100℃的沸水冲泡，效果最佳。

瑶池出盏　将烧沸之水注入盖碗，用以烫洗盖碗。

观音入宫　将适量铁观音茶叶，借助茶斗和茶匙投入盖碗中。

悬壶高冲　铁观音冲泡讲究高冲水低斟茶。悬壶高冲，可以使茶叶在盖碗中翻滚，促使早出香韵。

春风拂面　用杯盖轻轻刮去茶叶表面的浮沫，并用水冲洗杯盖。

瓯里酝香　安溪铁观音素有"绿叶红镶边，七泡有余香"之美誉，是茶中的极品。其生产环境得天独厚，采制技艺十分精湛，是天、地、人、种四者的有机结合。茶叶入瓯冲泡，须静待片刻，方能斟茶。

三龙护鼎　端品茗杯的手法，即用大拇指和食指轻扶杯沿，中指紧托杯底，这样举杯既稳重又雅观。

行云流水　轻转手腕转动品茗杯,然后将品茗杯中的水倒入水盂,用以烫洗品茗杯。

观音出海　将泡好之茶倒入公道杯中。

点水流香　将最后几滴茶汤沥干净,以免影响下一泡茶汤滋味。

香茗敬客　用公道杯将茶汤均匀地分至品茗杯中,敬奉给来宾。

鉴赏汤色　观赏铁观音蜜绿、清澈明亮的汤色。

细闻幽香　细闻铁观音的天然馥郁的兰花香。

品香寻韵　铁观音品饮,需要"五官并用,六根共识",鉴赏汤色、细闻幽香、品啜甘霖,呷上几口缓缓品啜,即有味道甘鲜、齿颊留香、回味无穷之感。

安溪铁观音茶艺,演绎的是和谐自然,体现的是健康快乐。最后借铁观音茶艺,祝各位身体康健,平安喜乐。

(二)红茶品饮艺术

红茶为全发酵茶,福建武夷山是红茶的发源地,红汤红叶是其品质特征。福建红茶分为小种红茶和工夫红茶,因产地和品质不同,其中小种红茶又分为正山小种和外山小种;工夫红茶又分坦洋工夫、政和工夫和白琳工夫,合称"闽红三大工夫";此外,在小种红茶工艺的基础上,又创制出采摘细嫩单芽的创新红茶产品——金骏眉。

1.红茶的冲泡

(1)红茶的冲泡器具

红茶香气高远、味道醇厚,须用适当的茶具搭配,来衬托红茶独特的品质。红茶可用各类型的茶具冲泡,如紫砂(杯内壁上白釉)、白瓷、白底红花瓷、各种红釉瓷的壶杯具、盖杯、盖碗、玻璃杯等。对于红碎茶,则可选用紫砂(杯内壁上白釉)以及白、黄底色描橙、红花和各种暖色瓷的咖啡壶具。

（2）红茶的冲泡要领

红茶的冲泡与红茶的品种以及条索、老嫩、松紧有关。茶叶越粗大、越紧实，茶叶滋味的浸出效果就越慢，反之，茶叶越细嫩、越松散，滋味的浸出效果就越快。

在冲泡水温上，一般高级红茶如金骏眉宜用90℃左右的水冲泡，小种红茶等中小叶红茶，可以用90℃~95℃的水冲泡。红茶冲泡的茶水比以1:50~1:60为宜，视茶壶容量大小决定置茶量，一般茶具容量为150~200毫升，每杯放入3~5克的红茶，如果用壶泡，则通常冲泡1~3分钟。通常，红茶冲泡2~3次，就能使茶汁充分浸泡出来。

（3）红茶的冲泡方法

一般来说，红茶的冲泡分为清饮与调饮，清饮可领略红茶的真味本色，调饮时可加奶、糖、水果、香料等，风味多样。清饮法就是不加任何调味品，即直接以沸水冲泡茶叶，使茶叶发挥它本色本香的韵味，这是品鉴红茶最常用的方法。调饮法即在红茶中加入调料，使红茶的香味更加丰富浓郁，这在年轻人的群体中较为流行。所加调料的种类和数量，则随饮用者的口味而异。比较常见的是在红茶茶汤中加入糖、牛奶、柠檬片、蜂蜜或香槟酒等。市面上流行的奶茶，多是用红茶作为茶底来调配的。

2. 红茶茶艺程序及解说

（1）红茶清饮茶艺

①冲泡器具及茶品

冲泡器具：玻璃茶壶1个或白瓷盖碗1套，瓷制烧水壶1把，品茗杯3~5个，玻璃公道杯1个，茶荷1个，茶巾1条，茶匙1个，奉茶盘1个，随手泡1套。

冲泡茶品：正山小种红茶。

②正山小种红茶茶艺基本程序及解说

正山小种红茶产于福建武夷山，为红茶的鼻祖。深琥珀的汤色，口感浑厚香甜，具有明显的桂圆干香、松烟香。品饮正山小种，像是在春天山花烂漫之际，一股甘泉涌出心头，回味无穷。

宝光初现　小种红茶条索紧细匀整，锋苗秀丽，色泽乌黑润泽，俗称"宝光"。

温热壶盏　茶是圣洁之物，冲泡之前，我们静心洁具，用这初沸之泉水，洗净世俗和心中的烦恼，让躁动的心变得祥和而宁静，为了让正山小种的茶性发挥得淋漓尽致，我们选用白瓷盖碗冲泡。

鼻祖入宫　用茶匙将茶荷或赏茶盘中的红茶轻轻拨入壶中，小种红茶为红茶的鼻祖，是英国皇室的至爱饮品。

悬壶高冲　用已沸的水悬壶高冲，可以让小种红茶在水的激荡下，充分浸润，以利于色、香、味的充分发挥。

分杯敬客　"坐酌泠泠水，看煎瑟瑟尘。无由持一碗，寄予爱茶人。"将公道杯中的茶汤均匀分入品茗杯中，使杯中之茶的色、香、味一致。斟茶斟到七分满，留下三分是情意。

喜闻幽香　一杯茶到手，先要闻其香。小种红茶香气高长，带松烟香，汤色纯红明亮，滋味醇厚带桂圆味。

鉴赏汤色　小种红茶的汤色红艳亮丽，杯沿有一道明显的金圈，迎光看去十分迷人。

品味鲜爽　闻香观色后即可缓啜品饮。小种红茶以香高味醇为特色，回味绵长，细饮慢品，徐徐体味茶之真味，方得茶之真趣。

（2）红茶调饮茶艺

①冲泡器具及茶品

冲泡器具：瓷质茶壶1把，瓷咖啡杯3~5个，奶锅，玻璃公道杯，玻璃杯，糖缸，随手泡，茶滤（含茶滤架），茶盘或水盂，茶叶罐（含所需茶品），奶罐，糖罐，茶巾，茶荷，奉茶盘等若干。

冲泡茶品：正山小种红茶或红碎茶适量。

配料：适量牛奶，柠檬片、冰块、方糖若干。

红茶冲泡（傅娟、黄两成／供图）

②红茶调饮茶艺基本程序及解说

列器候汤　在悠扬的轻音乐声中将所需茶具摆放好。将泡茶所需的水煮上。

温煮牛奶　在煮水的同时用奶锅将牛奶煮到60℃~70℃，然后倒入奶罐中。

润泽器皿　用初沸之水，温杯烫盏，以示敬意。

佳人入宫　用茶匙将茶荷或赏茶盘中的红茶轻轻拨入壶中，同时将3~4片柠檬放入玻璃杯。

再注清泉　用90℃左右的水悬壶高冲，让茶叶在水的激荡下，充分浸润，以利于色、香、味的充分发挥。

点水留香　将泡好的红茶倒入公道杯中，并将冰块以及适量方糖放入玻璃杯中（每杯2~3块）。

水乳交融　将红艳明亮的茶汤倒入玻璃杯中，并缓缓注入温热的牛奶。再将茶汤均匀分到品茗杯中。七分满为宜，留下三分是情谊。

闻香品味　将牛奶红茶敬献给宾客。闻香观色后即可缓啜品饮。牛奶红茶乳香茶香交融，与柠檬香搭配在一起，可使人感到分外温暖，感受生活的宁静甜美。

品完牛奶红茶，大家一定会喜欢上这种温馨浪漫的情调、时尚迷人的风味，希望大家常常穿越时空，体会红茶魅力，享受时尚生活。

（三）白茶品饮艺术

白茶为福建特产，主产于政和、建阳、松溪、福鼎等地。白茶根据萎凋工艺，分为传统白茶和新工艺白茶；根据茶树品种，分为大白、小白和水仙白；根据鲜叶的采摘嫩度，分为白毫银针、白牡丹、寿眉等。

冲泡白茶时，要体现"清香素雅"的品质特征。

1. 白茶的冲泡

（1）白茶的冲泡器具

白茶有新老之别，还有品种的差异，所用泡法不同，选用的器具就不同。常用的冲泡器具有紫砂壶、盖碗、玻璃杯等，煮茶器具有玻璃壶、瓷壶、铁壶等。

白茶新茶香气鲜爽，滋味甜润；老白茶香气陈醇，滋味甘滑。新茶宜泡不宜煮，老茶可泡可煮。冲泡白茶常用的方法有：杯泡法、壶泡法、煮饮法、冷泡法。

杯泡法 适合等级较高的白茶，如白毫银针、白牡丹，宜选用无色玻璃杯冲泡，可观看杯中茶叶的舒展变化。

壶泡法 适合所有白茶，可根据白茶等级的分类，选择玻璃壶、紫砂壶或瓷壶。

煮饮法 适用于有一定年份的陈年白茶，陈年白茶经过煎煮后，其深层次的内含物质也能被很好地激发出来，使茶汤更加醇厚柔和。煮茶时，要注意茶水比例，一般400毫升的水，配3~5克白茶即可，否则茶汤容易变得浓烈。

冷泡法 指用凉开水或者常温的矿泉水浸泡茶叶。一般用于白毫银针或白牡丹，于300毫升左右的凉开水中投茶3克左右，静置2小时后饮用。冷泡白茶，清甜甘洌，口感更佳，清热消暑，很适合夏天饮用，而且携带方便。

（2）白茶的冲泡要领

白茶冲泡的茶水比一般为1∶50，即3克茶需要加入150毫升水。冲泡水温需要100℃。像白毫银针、白牡丹采摘原料较为鲜嫩的白茶，可采用90℃~95℃的沸水冲泡。一般可以冲泡5次左右。

2. 白茶茶艺程序及解说

（1）白茶冲泡器具及茶品

主茶器：白瓷盖碗1套，玻璃茶盅1个，白瓷小杯若干。

辅茶器：煮水壶、茶盘、水盂、茶荷、茶匙、茶罐各1个，可加配茶道组1套，茶席布，插花作品1件，杯垫若干。

冲泡茶品：白牡丹。

白茶壶泡法（杨建慧／供图）

（2）白牡丹茶艺程序及解说

东海之滨有仙都，钟灵毓秀育仙子。太姥山播撒着勤劳、智慧和淳朴，聚集着日月天地的精华，化作一缕缕茶香，恩泽四方百姓。梦里的茶香，萦绕着福鼎白茶的清香灵妙，秀丽的山海，凝聚着太姥茶文化的隽永灵慧，让我们在福鼎白茶的清芬世界里，回想那已悠悠远去的动人故事，构筑新时代新的茶骨风情。

烫杯——洁具清尘　将一泓清净之泉轻缓注入三才杯中，汇天地之灵气，洗人心之陈杂，使茶香更幽，茶韵更远，以空明虚静之心，体悟白茶中所蕴含的大自然的信息。

赏茶——芳华初展　白牡丹叶张肥嫩，叶态伸展，形似花朵，冲泡后宛如蓓蕾初放，茶心正直挺立，好似一个有风度有气质的女子，不孤傲，不张扬，娴静温婉，包容谦逊。

置茶——纤手置茶　牡丹入杯毫味香，淡泊名利气高扬。取适量白牡丹置于杯中，让娴静与温婉、淡泊与大气在杯里随时光流转。

润茶——雨润蓓蕾　先向三才杯中缓缓注入适量沸水，像细雨润泽着牡丹的春芽。轻轻摇晃，称为"匀香"，以便茶叶在冲泡过程中能够迅速释放出茶香。

冲泡——牡丹花开　温润茶芽之后，采用悬壶高冲之法，倾注沸腾之水，观察白牡丹茶在杯中之自然舒展，其形宛若蓓蕾初绽，舞姿曼妙。

奉茶——敬奉香茗　茶来自大自然云雾山中，是得天地之灵气的一种灵物，能够带给人间最美好的感受。一杯杯春露呈佳客，朵朵牡丹显真情。

品茶——茶香飘逸　我们相聚在春风里，品春花秋月白毫香。一杯杯散发着幽香的、暖人心脾的白牡丹，洋溢着蓬勃的生机，充盈着生命的张力，在云蒸霞蔚之中，可让人神游大自然，淡忘烦恼与忧愁。

（四）茉莉花茶品饮艺术

福州是茉莉花茶的发源地，已有近千年历史。清咸丰年间，福州茉莉花茶还曾作为皇家贡茶。它具有香气鲜灵持久，滋味醇厚鲜爽，汤色黄绿明亮，叶底嫩匀柔软的特点。茉莉花茶是诗一般的茶，有着"在中国的花茶里，可以闻到春天的气息"之美誉。

根据窨制的茶坯不同，又分为茉莉烘青、茉莉炒青（半烘炒）、特种茉莉花茶等。冲泡花茶时，要体现其"鲜灵浓郁"的品质特征，依据茶坯特点，选择适合的冲泡技术。

1. 茉莉花茶的冲泡

（1）茉莉花茶的冲泡器具

花茶重在闻香品味，在冲泡花茶时，应根据茶坯的细嫩程度及条型来选择器具及冲泡方法。一般选用白瓷盖碗冲泡，盖碗有利于蓄香与闻香；也可选用白瓷壶。

如冲泡特种工艺造型茉莉花茶和高级茉莉花茶，为提高艺术欣赏价值，应选用透明玻璃杯，以便欣赏到芽叶在杯中徐徐展开，朵朵直立，上下沉浮，栩栩如生的景象，别有一番情趣。

（2）茉莉花茶的冲泡要领

一般以红茶或乌龙茶为茶坯的茉莉花茶，可依据红茶或乌龙茶的冲泡要领进行。以绿茶为原料窨花而成的茉莉花茶，在品饮方法上与绿茶有共同之处。冲泡时通常茶水比例以1∶50为宜，即投茶量为3克时加水150毫升。第一泡冲泡时间15~30秒，第2泡20~40秒，第3泡25~45秒，水温以90℃~100℃为宜，高档特种茉莉花茶水温宜稍低，级型茉莉花茶水温宜高。特种茉莉花茶宜用85℃左右的水冲泡。中档花茶，主要是闻香尝味，一般选用洁净的白瓷杯或盖碗冲泡，水温90℃~95℃，低档花茶可采用白瓷杯或瓷壶冲泡，水温95℃~100℃。

品饮前先闻香、观色，再尝滋味，充分感受其"香飘千里外，味酽一杯中"的滋味。品饮花茶讲究"一看二闻三品"。通过对茶汤进行闻香、品饮，充分领略茶味的鲜醇度和香气的鲜灵度、浓度及纯度。茶形、滋味和香气三者俱佳者，称之为花茶的上品。

2. 茉莉花茶茶艺程序及解说

（1）茉莉花茶的冲泡器具及茶品

主茶器：青花瓷盖碗3套。

辅茶器：煮水壶、茶盘、水盂、茶荷、茶匙、茶罐各1个，可加配茶道组1套、茶席布、插花1件、杯垫若干。

冲泡茶品：茉莉毛峰9克（3克/席）。

（2）茉莉花茶艺程序及解说

"茉莉名佳花更佳，远从佛国传中华。仙姿洁白玉无瑕，清香高远人人夸。"据传茉莉花自汉代从西域传入中原，北宋开始广为种植。茉莉花香气浓郁、鲜灵，隽永而沁心，被称为"人间第一香"。茉莉花茶以绿茶作茶坯，用新鲜茉莉花窨制而成，茶引花香，花增茶味，茶香与花香相得益彰。

洁具——荷塘听雨　茉莉花是佛国天香，茶叶是瑞草之魁，它们都是圣洁的灵物。素手仙颜重出世，一片冰心在玉壶。用这清清的山泉涤荡世间凡尘，如雨打碧荷，如芙蓉出水，杯更洁了，心更静了，整个世界仿佛都变得明澈空灵，才能更好地品出茉莉花茶那芳洁沁心的雅韵。

赏茶——芳丛探花　茉莉花茶，如天仙般的女子，芬芳鲜灵，幽雅纯静，香而不浮，鲜而不浊。

投茶——落英缤纷　花开花落本无情，落英缤纷最宜人。花影叠翠，仙姿弄舞，却是香窨佳茗，流芳杯盏间，沁人心脾。

润茶——空山鸣泉 看壶中热水倾泻而下，如清泉在山谷鸣唱。茶芽舒展，宛如人间绿色渐染，含着清雅、鲜灵的芬芳，茉莉含苞缓缓初展，吐香绽放，犹如看见满目春色与灿烂春光。

冲泡——三才合一 清澄的流水涓涓注入杯中，便成为你演绎的水榭戏台，你的秀姿飘飘舞，婀娜又潇洒，那曾经的花开花落，也随你的绽放如诗如画。

奉茶——香茗酬宾 不如仙山一啜好，泠然便欲乘风飞。你看那迎面翩翩走来的，是茉莉仙子，是爱茶爱花的姑娘，她们像茉莉一样芳洁，像茶一样高雅，她们将手中的香茗相奉，也为您奉上人世间最美的真情。

品茗——品悟心香 握春山翠欲滴，香自天然情满怀。捧杯茉莉在手，轻摇深吸，可感香薄兰芷，再摇细啜，可感味如醍醐。

谢茶——深情款款 花茶是诗一般的茶，曾经有一位外国诗人赞咏茉莉花茶"从中国的花茶中，我发现了芬芳的春天"。饮尽杯中之茶，细品茶味人生。

最后，借茉莉花茶艺，祝君阖家多安好。还愿茉莉香久远，沁芳茶韵永流传。

第四讲　福建茶与健康

按当今科学认知来说，茶不是药，而是一种对身体有保健作用的"调节剂"。但在古时，茶作为一味药，与养生息息相关，所产生的影响推动了茶业的发展。唐代陆羽《茶经》"一之源"即以本草学的角度来书写茶，涉及茶的性状、名称、栽培、采制、毒性、气味、药效、产地以及真伪等。其论药效云："若热渴、凝闷、脑疼、目涩、四肢烦、百节不舒，聊四五啜，与醍醐、甘露抗衡也。"这些效果在今天已得到验证。有学者提出，茶为药用是中国茶文化发生的动因之一，指出末茶的烹点与中药药剂学的原理、技术乃至所使用的工具都相同。例如研磨药与茶的石磨、碾子等器具并无区别，而早期在茶中加入多种材料，实则是一种"复方"茶。此类饮茶风尚十分盛行，讲求清饮的陆羽曾感慨地说："或用葱、姜、枣、橘皮、茱萸、薄荷之等，煮之百沸，或扬令滑，或煮去沫，斯沟渠间弃水耳，而习俗不已。"

一、"茶为药用"的闽地生活志

清代蒋蘅《武夷茶歌》："奇种天然真味存，木瓜微酽桂微辛。"桂，即肉桂。木瓜，气温，味酸，可入药，因此诗的小注："予初疑木瓜味酸，最不宜茶。"茶当取木瓜之酽而已。肉桂，本为樟科植物，

唐三彩茶具（河南省巩义市东区唐墓 M2262 出土）（王健/摄）

树皮可入药，味辛、甘，性大热。茶类似肉桂之辛，以茶味与之相似，故名。此般命名的角度，实则是将茶纳入药材的体系。

（一）药：东西方对茶的最初认知

我国古籍中关于茶之药用的描述，在唐代陆羽《茶经》"七之事"篇就有数条，例如，"《神农·食经》：'茶茗久服，令人有力，悦志。'""华佗《食论》：'苦茶久食，益意思。'""《孺子方》：'疗小儿无故惊蹶，以苦茶、葱须煮服之。'"后世的医书药典，时见描述茶的不同疗法与药效。如明代张时彻《摄生妙方》："治脚丫湿烂，茶叶嚼敷有效。"李中梓《本草通玄》："茗苦甘微寒，下气消食，清头目，醒睡眠，解炙煿毒、酒毒、消暑。"清代张璐《本草逢源》："徽州松萝，专于化食。"丰富的茶品，关联各异的产地以及不同的制作工艺，也对应了不同的药性，例如清代赵学敏的《本草纲目拾遗》有丰富的记载，现简录部分如下：

茶　品	药用或药性
雨前茶	清咽喉，明目，补元气，益心神等
普洱茶	味苦性刻，解油腻牛羊毒，虚人禁用。苦涩，逐痰下气，刮肠通泄
研茶	去风湿，解除食积，疗饥
安化茶	性湿，味苦微甘，下隔气，消滞，去寒澼
武夷茶	其茶色黑而味酸，最消食下气，醒脾解酒
水沙连茶	性极寒，疗热症最效，能发痘

该书还介绍了茶作为一方药的用法，例如治休息痢，则用乌梅肉、武夷茶、干姜，为丸服。又如引用《经验广集》的方子，介绍了六安茶不同的药方："治伤风咳嗽，发热头痛，伤食泻。陈细六安茶一斤，山楂蒸熟，麦芽、紫苏、陈皮、厚朴、干姜俱炒各四两，磨末，瓷器收贮高燥处。大人每服三钱，小儿一钱。感冒风寒，葱姜汤下；内伤，姜汤下；水泻痢疾，加姜水煎，露一宿，次早空心温服。"

西方人认知中国茶的过程也是从它的药效和保健属性开始的。在17世纪60年代，茶叶在西方的广告词是"一种质量上等的被所有医生认可的中国饮品，中国称之为茶，其他国家称之为 tay 或 tee"。

茶叶罐上茶之功用宣传
（刘宏飞／供图）

1686年，英国国会议员T.波维（T. Povey）将原载于中文资料的有关茶叶医疗效果的说明介绍到欧洲，这些药效是：

> 净化血液；治疗多梦；缓解抑郁；缓解和祛除头晕、头痛；预防水肿；祛除头部湿气；治愈皮肤擦伤；疏通阻滞；明目；净化脑部湿气，去肝火；净化膀胱和肾脏；治疗睡眠过多；祛除眩晕，让人敏捷、勇敢；稳定心绪，克服恐慌；治愈受风导致的所有阵痛；强健内脏，预防肺痨；增强记忆力；提神醒脑；清除胆结石；让人宽厚待人。

福建产茶历史悠久，其与中医药文化交相辉映，亦有一段历史。直到今天，茶的健康属性仍是茶文化的首要论点。福建各个地方将茶品作为药用的场景或存在一些传说故事里，或实际运用于日常生活中，但都呈现了"茶为药用"的历史印记。

（二）虚构与非虚构：白鸡冠与三百年陈茶

武夷茶名丛有白鸡冠者，因叶色泛白黄色而得名。它的传说就与药用有关。相传当时有一知府，携眷经过武夷山，下榻武夷宫，其子忽染疾病，腹胀如牛，药石无果。一日，寺僧端一杯茗与知府喝，啜

白鸡冠

之味极佳，遂将所余授其子，并问其名，僧答白鸡冠。后知府离山赴任，中途子病愈，乃误为茶之功。于是奏于皇帝，皇帝饮罢大悦，令寺僧守之，年赐银百两，粟四十石，每年封制以进，遂充御茶。

　　传说也是历史的叙事方式之一，"编织"了茶为药用的认知体系。另一则是真实的记载，出自清代施鸿保《闽杂记》，即"佛腹古茶"一则，文曰：

> 星村山径间向有一寺，殿宇颓圮，惟留大佛像一尊。道光乙巳春，有茶客过祷而应，捐金重修，拆视旧像，则腹中以竹为框，内皆纸包茶叶，各书"嘉靖辛巳九月某日某人敬献"字。其茶色不甚变，亦微有香气，遂尽取出，易以新者，旧者多为工匠及村人取去，茶客只自留二包。素与建阳程卓英交好，是年秋杪，卓英子患痢甚剧，偶忆其茶藏佛腹中逾三百年，必可治病，遂乞少许煎饮之，果大泻而愈。其后人竞乞以治痢，愈者甚多。乙卯，余馆建阳，卓英为余述之。惜茶客已故，其先为工匠、村人取去者恐皆不知可以治病而弃之矣。

道光乙巳春，即1845年，有茶客意外发现武夷山星村一佛像腹部中贮存的老茶，根据包装纸上的字迹，这是嘉靖辛巳年（1521）的茶。一日程卓英儿子突发痢疾，想起这有着三百多年历史的陈年老茶，遂索要一些煎饮，果然痊愈。从这个例子亦可推演陈茶的"产生"，即当它作为一种药材时，非日常之饮，而予以细致保存，时间久了，就成了陈茶。

（三）闽茶药用一览：地方志、广告与非物质文化遗产

　　综观史料，闽茶药用处处可见，在民间仍常作减缓病症之用。地方志记录当地民风民情，也呈现了福建各地以茶为药的认知与做法，

例如帖，清乾隆《大田县志》："茶，产虎鼻崎者佳，可以疗病。"民国《太姥山全志》："绿雪芽，今呼为白毫，香色俱绝，而尤以鸿雪洞产者为最。性寒凉，功同犀角，为麻疹圣药。运售外国，价与金埒。"民国茶叶专家廖存仁有《闽茶种类及其特征》一文，则介绍了桃仁、苦茶、白毛猴的相关药用，具体说来，一是桃仁之毛茶收藏三年后，取水二钱，姜片一钱，和煮饮之，可治吐泻热症，效用极大。产于安溪的苦茶经三年即可治热病，三年后，水色变红，苦味亦退，治病之效尤大。而白毛猴助消化之力最强，可以制药，为其特征。作者深入调查福建茶业之情，梳理了具体茶品的特征，以上茶品的药用可以说是当时民间的常规利用方法，并有一定的认可度。

香橼茶（杜全/供图）

西人早期接触茶的时候,亦以药视之,并有极具说服力的广告。晚清民国时期,在我国,一旦新茶上市,商家即登报广而告之,宣传它的品质与功效,以招揽买卖。如,一则民国时期武夷茶的上市广告这么写:"本岩精选各种上品细茶,清心明目,解烦涤虑,消食止渴,治病尤见奇效。"又如,"今有新到福建真小种武夷茶,能治小儿食积肝气,胜抵药用"。短短数言,表明当时茶在人们生活中扮演的重要角色。

还有的"药茶",作为非物质文化遗产,得到保护与传承。武夷山香橼茶历史悠久,其制作技艺被列入南平市第十批非物质文化遗产项目名录。其制法讲究:采摘交冬过后香橼,在上端四分之一处割断,上片留作盖子以便密封;反复揉捏,至皮瓤分离,掏出果瓤;在空壳填充茶叶,压紧压实,填满后,将盖皮缝合。用绳索先将香橼横竖十字捆绑,左右采用米字捆绑,最后捆成一个八瓣的南瓜形的"茶囊"。挂于阳光充足、通风处风干,后再静置回潮、再风干晾干,周而复始,直至干透为止,一般要求晾干陈化十年以上。武夷山人认为香橼茶是"万病之药",称其为"叫得应"的看家茶。它可以"祛风解表,宽中理气",特别是对小儿积食有奇效。另外,在福建民间,常将土茶存入罐子或瓮中,悬于房梁上,以备日常之需,亦有"药用"价值。

罐装茶(尤溪县博物馆藏)

二、茶的黄金元素——茶叶功能性成分及功效

长久以来，生活和医学实践已证明茶叶具有显著的保健功效。随着科技的不断进步，人们通过采用现代分析仪器结合细胞生物学、分子生物学和现代药理学等领域的新理论与新技术手段，发现并利用了茶中许多具有保健效果的关键成分。茶叶的化学组成极其复杂，目前已鉴定出的成分超过700种。在这些成分中，茶多酚、茶氨酸、咖啡碱和茶多糖等，是茶叶发挥保健功效的主要功能性成分。

福建主要茶类的化学成分含量（林清霞 等，2020）（单位：%）				
成分	白茶	红茶	闽南乌龙茶	闽北乌龙茶
茶多酚	19.33	13.85	14.57	15.35
氨基酸	5.63	4.20	2.75	2.19
咖啡碱	3.26	3.39	1.38	2.23
可溶性糖	4.31	3.33	7.27	4.09
EGCG[①]	6.48	0.76	5.17	3.52

（一）茶多酚及其氧化产物

茶多酚是茶叶中多酚类物质的总称，是茶叶中含量最高的一类化合物，约占茶鲜叶干重的18%～36%。茶多酚是茶叶生物化学研究最广泛和最深入的一类物质，对茶叶品质的影响最显著，也是茶叶保健功能的主要成分，被称为"人体的保鲜剂"。其组成主要有儿茶素类、黄酮类化合物、花青素和花白素类化合物、酚酸和缩酚酸类化合物，其中儿茶素类化合物含量最高，约占茶多酚总量的70%。儿茶素类主

---

① EGCG：即没食子儿茶素没食子酸酯（Epigallocatechin gallate）的英文缩写。它是一种天然存在于茶叶中的含量较高的儿茶素类化合物，具有多种对人体有益的功效。

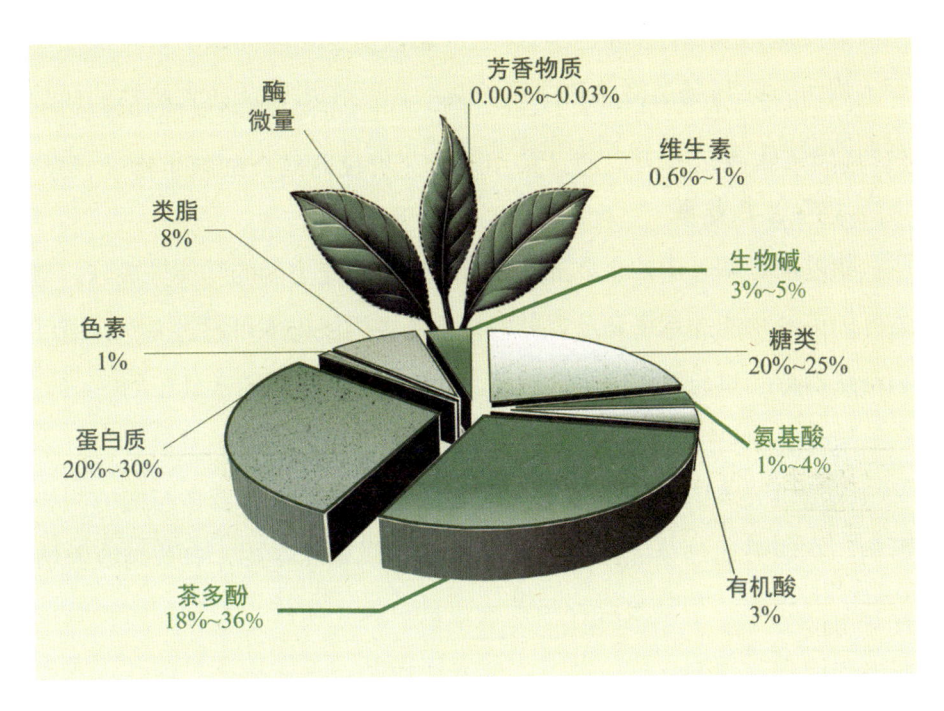

芳香物质 0.005%~0.03%
酶微量
维生素 0.6%~1%
类脂 8%
生物碱 3%~5%
色素 1%
糖类 20%~25%
蛋白质 20%~30%
氨基酸 1%~4%
茶多酚 18%~36%
有机酸 3%

茶鲜叶干物质中的有机化合物含量（数据来源：宛晓春，2003）（林鹏仙/供图）

要包括简单儿茶素（EC、EGC）和酯型儿茶素（ECG、EGCG）。其中，具有保健功能的核心成分EGCG含量占儿茶素总量的50%～60%。

　　茶黄素、茶红素和茶褐素是茶叶加工过程中茶多酚及其衍生物经过氧化缩合形成的一类物质，在发酵程度较高的茶类中含量相对较高。近年来，有大量的体外及体内实验，已从"整体—细胞—分子水平"证明茶多酚及其氧化产物具有多种保健功能。根据浙江大学屠幼英教授2014年的研究和总结，茶多酚在人体健康的十大方面具有突出的保健效果：包括抗衰老和免疫调节；预防治疗心脑血管疾病（包括降血压、降血脂、抗动脉粥样硬化等作用）；降脂减肥；防治糖尿病；抗肿瘤；抗氧化和抗辐射；消炎杀菌和抑制病毒；护肝作用；美容护肤和护齿明目；抗过敏，等等。

近年来，随着科学研究的持续推进，茶多酚的健康功效也被逐步深入揭示。其与肠道微生物之间的复杂相互作用以及在大脑功能保护方面的潜力，也为其应用提供了更多的可能性。

（二）氨基酸

氨基酸是茶叶中的主要滋味成分，同时也是主要的功能性成分，与茶叶的保健功能关系密切。氨基酸在茶汤中的浸出率可超过80%，所以它与茶汤品质和药理作用关系较大。茶鲜叶中氨基酸的含量在1%~4%，茶氨酸是茶叶的特征性氨基酸，与茶叶品质和生理功效关系最大。

大量研究表明，茶氨酸对大脑健康和心理状态有着多方面的积极影响。它能够通过与大脑内的多种神经递质相互作用，有效地改善情绪和心理状态。茶氨酸对神经系统还具有保护作用，可抑制短暂脑缺血引起的神经细胞死亡。此外，研究还表明，茶氨酸还可提高认知和记忆能力，对帕金森病、阿尔茨海默病及传导神经功能紊乱等疾病也有预防作用。

除上述功能外，研究表明，茶氨酸还具有降血压、防癌抗癌、增加肠道有益菌群、减少血浆胆固醇、增强人体免疫力、改善肾功能和延缓衰老等功效。

值得注意的是，茶叶中的氨基酸除茶氨酸外，另一类物质 γ-氨基丁酸（GABA）也对多种神经功能性疾病有保护作用，还能有效促进血管扩张，具有降血压的作用。

（三）咖啡碱

咖啡碱是茶叶中天然存在的生物碱，其含量占茶叶干重的2%~4%。饮茶可以提神，其中发挥主要功效的成分便是咖啡碱，咖啡碱能使中枢神经兴奋。研究表明，咖啡碱还具有助消化、利尿的作用。

此外，饮茶的许多功效都与茶叶中的咖啡碱有关，如抵抗酒精和尼古丁等的侵害、强心解痉、松弛平滑肌、辅助治疗心绞痛和心肌梗死、兴奋呼吸中枢、消毒灭菌、燃烧脂肪等。

（四）茶多糖

茶多糖是茶叶多糖的复合物，是一种酸性蛋白质杂多糖。茶多糖的组成和含量与茶树品种、茶类（加工工艺）及原料老嫩度等有关，其含量随原料粗老程度的增加而增加。乌龙茶中的茶多糖含量高于红茶、绿茶。茶多糖药理功效突出，主要有降血糖、降血脂、防辐射等。

（五）茶皂素

茶皂素，又称茶皂苷，是一类结构比较复杂的糖苷类化合物，具有抗菌、抗病毒、消炎、抗氧化等多种作用。

（六）芳香物质

茶叶香气是多种芳香物质的综合反映。在茶叶化学成分的总含量中，芳香物质含量并不多，约为0.005%~0.03%，但其成分却很复杂，包括醇、醛、酮、酸、酯、内酯等几大类。芳香物质不仅与茶叶品质的高低密切相关，而且也是一类对人体健康有益的物质，具有调节精神状态的作用。

（七）矿物质元素

茶叶中的矿物质种类丰富，可溶性矿物质约占干物质总量的2%~4%。其中包含了一些对人体极为重要的微量元素，如锌、硒和氟等。锌不仅是众多重要酶的辅助因子，还是人体所需的关键微量元素之一。硒作为强效的抗氧化剂，能有效地抵抗自由基，从而发挥抗癌和增强免疫力的作用。研究还发现，硒的缺乏与克山病、大骨节病有关，硒还能与汞、砷、铬等重金属形成复合物，有助于解毒。另外，茶叶中的氟含量较其他食物来说较高，虽然氟有一定的毒副作用，但适量摄入对人体是有益的，尤其能增强骨骼的强度，促进生长。

（八）维生素

茶叶中富含多种维生素，其含量约占干物质的 0.6%~1.0%。其中，维生素 C 和维生素 E 是天然抗氧化物质，对预防多种疾病具有重要作用。维生素 A 具有维持视觉及上皮组织健康等的多重功效，维生素 K 有助于血液凝固和骨骼健康。茶叶中还含有多种 B 族维生素，参与能量代谢和神经功能维护等关键生理过程。此外，茶叶中还有维生素 D、P 等其他成分，均在维持人体健康方面发挥着重要作用。

茶叶中的功能成分药理功效突出，是茶叶发挥保健功效的重要物质基础。茶叶中的单一成分可能兼具多种功效，不同成分之间还存在相互协同增效作用，是饮茶有益健康的科学依据。目前这些功能性成分已被深度的开发和研究，广泛应用于食品、医药、日化等领域。

三、福建茶的健康密码

茶，按照加工工艺和风味品质的不同，可以分为红茶、绿茶、白茶、黄茶、黑茶、乌龙茶六大类及再加工茶，其中白茶、红茶、乌龙茶以及再加工的茉莉花茶属于福建的特色茶品。不同种类的茶叶由于所含生物活性成分不同，其保健功能也有所差异。以下是福建特色茶品的独特功效及其最新研究进展。

（一）白茶的健康密码：工艺与时光的双重馈赠

白茶经凋萎、干燥而成，与其他五大茶类相比，其氨基酸和黄酮类化合物含量较高。研究人员认为白茶加工工艺有利于氨基酸和黄酮含量的积累，其氨基酸含量是鲜叶的 2 倍左右，是其他五类茶的 2.14~3.25 倍；黄酮含量是鲜叶的 17 倍左右，是其他五类茶的 14.23~21.41 倍。

此外，白茶素来就有"一年茶，三年药，七年宝"的说法。年份白茶化学成分特殊,随年份增长,黄酮类化合物含量上升,"老白茶酮"(EPSF)这类具有保护心血管、降血糖、抗炎和预防神经退行性疾病等作用的生物活性物质逐渐积累,是年份白茶发挥健康作用的重要物质基础。

长期以来,白茶的保健功效早已被人们所熟知与认可。白茶的起源记载的便是白茶治病救人的传说故事,卓剑舟在《太姥山全志》中写道:"绿雪芽,今呼为白毫……性寒凉,功同犀角,为麻疹圣药,运售外国,价与金埒。"白茶保健功效突出,自创制以来,人们在生活实践中不断发现其健康的魅力,一直以来广泛流行着"三降三抗"的说法,即降血压、降血糖、降血脂、抗氧化、抗辐射、抗肿瘤,此外在抗菌、抗病毒、抗炎、美容护肤等方面也具有独特的效果。随着现代科学研究的不断深入,白茶的功效得到了进一步的验证和认可。

(二)乌龙茶的健康密码:香韵背后的多维健康价值

乌龙茶是福建省的特色茶,其加工工艺及氧化程度介于绿茶和红茶之间,属于半发酵茶类,其内含成分特殊,含有大量生物活性物质。此外,乌龙茶的天然花果香可令人精神振奋,心旷神怡。众多研究表明,乌龙茶具有减肥、抗氧化、降血脂、降血糖、降血压、防癌抗癌、抗突变、抗过敏等功效。近年来刘仲华院士团队发布了乌龙茶代表铁观音、武夷岩茶健康养生功能研究成果,并对不同茶叶品类健康功效进行比较分析,揭示了乌龙茶在调节代谢和延缓衰老方面的独特功效。此外,浙江大学屠幼英教授等针对铁观音预防神经性退行性疾病的效果和不同焙火程度的武夷岩茶的健康功效等方面开展了相关研究。

简要而言,武夷岩茶中,不同火功的武夷岩茶以轻焙火的降脂减肥效果最优。铁观音中,清香型抗氧化活性突出,陈香型铁观音对于缓解阿尔茨海默病更有效。这些成果都引起了我们的广泛关注。

（三）茉莉花茶的健康密码：芬芳中的精神滋养

茉莉花茶是由茉莉花和茶经窨制工艺制成的再加工茶，茶香鲜灵浓郁。与其他茶相比，茉莉花茶最主要的特征是含有大量的芳香物质，一般可达 0.06%~0.40%。茉莉花茶的精油含量是其他茶类的几十倍，其中个别组分是其他茶类的 1000 多倍。

与其他茶类相比，镇静、理气、开郁是茉莉花茶独特的健康功效。茉莉花茶能使人集中精神、降压提神、提高工作效率。在抗抑郁方面，茉莉花茶也表现出较好的效果。有研究人员通过行为学、生化指标、肠道微生物和代谢组学等角度揭示了茉莉花茶可通过调节神经递质和炎症因子水平实现预防抑郁的效果。

（四）红茶的健康密码：茶中软黄金的活性图谱

红茶是以茶树鲜叶作为原料，经萎凋、揉捻、发酵、干燥等一系列工艺加工而成。鲜叶中以儿茶素为主的茶多酚经酶促氧化后会产生一些新物质，如茶红素、茶黄素等，赋予红茶特有的风味及相应的功能作用。茶黄素是红茶的主要生理活性物质，其含量占红茶干重的 0.3%~1.5%，大量研究表明，茶黄素具有比茶多酚更强的抗氧化性能和保健功能，享有茶中"软黄金"的美誉。茶红素是红茶中含量最多的一类酚性色素物质，占红茶干物质总量的 15%~20%，其健康功效主要表现为抗癌、抗氧化、抑菌及消炎等。

红茶是全世界消费最多的一类茶，人们对它的健康功效研究也较为深入。经过发酵后，红茶的茶性温和，可散寒除湿，具有和胃、健胃之功效。此外，红茶功能成分可以促进肠胃蠕动，保护胃黏膜，并通过调节肠道菌群改善消化系统功能。在心血管健康方面，研究表明，红茶可改善血管内皮功能，降低血压，并通过降血脂、减轻体重等机制对心血管健康产生积极作用。

四、茶的立体康养价值与科学饮茶

《黄帝内经》中写道:"故智者之养生也,必顺四时而适寒暑,和喜怒而安居处,节阴阳而调刚柔,如是则僻邪不至,长生久视。是故怵惕思虑者则伤神,神伤则恐惧,流淫而不止。因悲哀恸中者,竭绝而失生。喜乐者,神惮散而不藏。愁忧者,气闭塞而不收。"这一观点强调了内在情绪的调节和精神状态对健康的重要性。

(一)茶的立体康养价值

茶与健康的关系是多方面的,包括通过化学成分直接影响身体状态,也可以通过饮茶及相关文化活动,促进心灵放松、精神愉悦和心智健康。林语堂在《生活的艺术》中总结道:"饮茶为整个国民的生活增色不少。它在这里的作用,超过了任何一项同类型的人类发明。人们或者在家里饮茶,或者去茶馆饮茶;有自斟自饮的,也有与人共饮的;开会的时候喝茶,解决纠纷的时候也喝;早餐之前喝,午夜也喝。只要有一只茶壶在手,中国人到哪儿都是快乐的。"茶的养生价值不仅体现在茶本身的功效成分上,还包括茶文化的深层意义和康养价值。

1.茶与向内修心

茶事活动是"人美、茶美、水美、器美、境美、艺美"的综合体验。茶文化强调的不仅仅是茶的品饮,还包括对美的欣赏、对环境的尊重和对生活方式的思考。所谓"思与境偕""情与景泯""风日晴和,轻阴微雨,小桥画舫,茂林修竹,课花责鸟,荷亭避暑,小院焚香……清幽寺观,名泉怪石"都是极佳的品茗环境。在茶事过程中,在美的环境中,人们与自然沟通、内省自性。人们从泡茶到品鉴,每一个环节都专注细致,全身心地投入茶中,冲泡、闻香、品味,可帮助人们从日常的快节奏中抽离出来,进入一种平静和专注的状态。从医学、心理学的角度来说，转移注意力和放松精神也是调节心理的有效方法，这种状态有助于减轻压力和焦虑，提升心理健康，从而达到修身养性的目的。唐代卢仝传诵千古的《走笔谢孟谏议寄新茶》中写道："五碗肌骨清，六碗通仙灵。七碗吃不得也，唯觉两腋习习清风生。"明代朱权提出："探虚玄而参造化，清心神而出尘表。"均是饮茶放松精神的表达。在以茶养心的过程中，人们不断内化"俭清和静"的精神理念。通过感悟茶与儒、释、道的精神内涵，我们可以更好地珍惜生命，认识自我，悦纳自我。

2. 茶与向外和解

良好的人际关系可以缓解心理压力，促进心理健康。茶是重要的社交媒介，茶文化促进了人与人之间的交流和联系。通过"以茶会友"，在共享一壶茶的过程中，人们可以深入交谈，分享彼此的经验和感受，这种社交互动对于减少孤独，消除隔阂，增进感情，建立社区联系非常重要。长期以来，茶在

户外饮茶（郭芷伊/供图）

以茶会友

人际交往中一直充当着礼仪的代表和情感的载体。"以茶利礼仁，以茶表敬意。"在茶事过程中，人与人之间和睦相处，以礼待人，互相尊重，有助于促进人与人之间的友好交流，传达包容并蓄的理念，使"茶和天下，美美与共"的理念深植人心，有助于形成和谐友好的社会风气。

（二）科学饮茶与健康

茶叶保健功效显著，但要真正发挥其作用，还应根据个人体质，在饮茶量、茶汤温度和饮茶时间等方面加以注意，才能更好地促进身心健康。

1. 饮茶要因人制宜

中医认为，人的体质有燥热、虚寒之别。茶有药性，可纠人体阴阳偏颇。要真正发挥茶的药性就要做到根据不同的体质选饮不同的茶类。一般来说，燥热体质的人（容易上火、体壮身热）宜喝凉性茶，如绿茶、白茶、黄茶或清香型闽南乌龙茶等；虚寒体质者（脘腹虚寒、喜热怕冷）宜喝温性茶，如红茶、黑茶、武夷岩茶等。

饮茶（郭芷伊／供图）

2. 饮茶的浓度和数量

饮茶时应注意茶汤的浓度，保持茶汤浓淡适中为佳。过浓的茶汤可能会影响人体对食物中铁和蛋白质等营养的吸收。此外，饮茶还需控制数量。一般来说，每天泡饮干茶 5~15 克，泡茶用水总量宜控制在

1500毫升以内。如果不注意控制茶汤的浓度和饮茶量,过量饮用浓茶可能导致茶中的生物碱过度刺激中枢神经,导致心跳加快,增加心脏和肾脏的负担,并影响夜间睡眠。此外,高浓度的咖啡碱和茶多酚可能对肠胃产生刺激,抑制胃液分泌,进而影响消化功能。

3. 饮茶的适宜温度

饮茶提倡热饮或温饮,避免烫饮和冷饮。喝过热的茶水不但会烫伤口腔、咽喉及食道黏膜,长期的高温刺激还是导致口腔和食道肿瘤的一个诱因。因此,高温冲泡出来的茶汤要稍凉后再饮,不可急饮,50℃~60℃的茶水最适饮用。

4. 特殊人群饮茶注意事项

一些特殊人群需特别注意,对患有某些疾病的人群,如缺铁性贫血、活动性胃溃疡、十二指肠溃疡、神经衰弱患者,处于经期、孕期或产期的妇女以及幼儿等特殊人群最好不饮茶或只饮淡茶。正在服用药物(金属制剂药、催眠镇静药物、酶制剂药物、黄连、钩藤、麻黄等)时,也不宜饮茶,以免影响药效。

茶学家、西南大学刘勤晋教授曾总结了《吃茶养生四字经》,他写道:"茶乃国饮,花色缤纷。养生作用,重在防病。促进代谢,增强免疫。红绿乌黑,大同小异。一年四季,寒温有序。体质强弱,因人而异。科学饮茶,贵在坚持。量有保证,选茶宜精。"茶叶要真正发挥对人体的健康作用,要因茶制宜,因人制宜,长期坚持品饮,才能真正发挥茶叶的促进健康作用。

茶性

茶乃國飲花色繽紛養生作用重在防病促進代謝增強免疫紅綠烏黑大同小異

體質

一年四季寒溫有序體質強弱因人而異科學飲茶貴在堅持量有保證選茶宜精

刘勤晋《吃茶养生四字经》节选（陈烨 / 书）

第五讲　福建民间茶俗

茶俗是民间风俗的一种，是指在长期社会生活中，逐渐形成的以茶为主题或以茶为媒介的风俗、习惯和礼仪，是一定社会政治、经济、文化形态下的产物，随着社会形态的演变而消长变化。福建植茶、产茶、销茶由来已久，经岁月沉淀，茶早已渗透进人们的日常生活，在演变发展中世代传承，自然形成独具地方特色的民间茶俗。

一、婚嫁祭祀与时令年节中的福建茶

茶作为承载传统文化的饮品，在悠久的发展传承中形成了独具一格的礼仪和风俗文化。客来敬茶，是福建之日常生活礼仪。凡有客来，主人与客寒暄问候，邀客入座后，便立即洗涤壶盏，升火烹茶，冲沏茶水，向远道而来的客人双手递上一杯或是清明时节的头春茶，又或是寓意生活甜蜜美满的冰糖茶。一切皆毕，主人也一同坐下，与客叙话，其间留意客人杯中茶水剩余量，勤加续水，反复斟茶。福建待客斟茶以七分满为宜，俗语云"斟茶只斟七分满，留下三分是人情"，茶水随喝随添，使茶汤浓度基本保持前后一致，水温适宜，故有"茶水不尽，慢慢饮来，慢慢叙"之说。除了客来敬茶这一普遍的茶俗之外，福建地区在婚嫁祭祀、时令年节中，亦常有茶的身影。

（一）婚俗用茶

茶与婚俗的联接，渊源深远，自古有之。明代许次纾《茶疏》中说："茶不移本，植必子生。古人结婚，必以茶为礼，取其不移植子之意也。"王象晋《茶谱小序》中亦云："茶，嘉木也。一植不再移，故婚礼用茶，从一之义也。"茶性高洁，象征夫妻双方相敬如宾；茶枝连理，如夫妻执子之手，与之偕老；茶树枝繁叶茂又多籽，象征家庭多子多福。江浙一带，将整个婚礼的仪式称为"三茶六礼"。"三茶"，指的是订婚时的"下茶"，结婚时的"定茶"，洞房时的"合茶"。民国《龙岩县志》载："聘币外，佐以茶、椒、蜡烛、首饰等，又备团饼若干为礼饼。女家报以红糖，视饼之半，谓之定茶。"这时，茶作为订婚时所备的礼物，暗合了茶"不移"之性。拜见亲人时，《周墩区志》载："是夜拜见诸亲，赠贺仪，分茶果。翌日，开樽请宴三日，拜见翁姑，诸女眷列坐中堂，献茶果请女客，礼毕。"拜谒祖先时，诘朝，举行"庙见"，礼谒祖先，并向亲族尊长依次"拜茶"，尊长均回赐茶仪。在屏南，新娘上轿时，新人袖藏茶、米、锁钥，茶、米进轿即抛出，锁钥交付兄弟，过门三日，女家备办糕饼，送到婿家，名曰"下厨茶"。现代婚俗中，迎亲或结婚仪式中用茶，有作礼物时，主要用于新郎和新娘的"交杯茶"，或敬献父母尊长的"谢恩茶""认亲茶"等仪式。同时，特别是茶区，婚礼中往往以茶为厚礼，茶的元素更为突出。武夷山龙须茶常在结婚时，供送礼之用。

另有新娘茶，又称"端午茶"，是政和杨源乡一带流传的一种以茶代酒的茶俗。相传这是当地为纪念古

龙须茶

时一对新婚夫妇勇除恶蛟而摆的敬亲茶席，迨至今日，已成为政和乡间以茶代酒的茶宴风俗。每年端午节前一天，即农历五月初四，凡村里在此前一年内娶新妇的家庭，都会置办各种茶点蔬果，摆茶席招待乡里，客人可随意到各家赴茶席而不必带任何礼物，此之谓"请新娘茶"。

（二）祭祀供茶

茶性高洁清芬，是祝福、吉祥、圣洁的象征，可祛秽除恶，祈求安康。中国以茶为供品的祭祀历史悠久，包括了祭祖、祭神、祭仙、祭佛等。唐代陆羽《茶经·七之事》，辑录了南朝齐皇帝萧赜的遗诏："我灵座上，慎勿以牲为祭，但设饼果、茶饮、干饭、酒脯而已。"元日有祈年之礼，闽清"元日鸡鸣起，肃衣焚香，设斋果、茶酒、岁饭拜天，谓之接一年岁"。漳平一带，"元旦，晨兴，爇香燃蜡，拜天及祖，设果品茶酒，以礼其家所祀之神"。流行于福建的正月初九"拜天公"，正厅前所设之祭坛，上供茶叶、水果等。可见，民间祭天、祭祖时，茶往往与果、酒一起作为供品祭祀。

祭天用茶

又比如祭灶神。明嘉靖《汀州府志》载："元日起，每夜设香灯茶果于灶前供奉。至初六日晚，谓灶神朝天回家，盛酒果以祭之。"小年时也用茶祭拜灶神，送灶神上天。腊月二十四，平和"人家各拂尘洒扫。是夕，送神朝天。相传，年岁将终，百神皆有事于上帝，故备物致送。凡神祠各具牲醴粢盛，人家各点茶焚香，并画幢幡甲马仪仗于楮上焚之"。此外，民间丧礼祭祀亦用到茶，朱子《家礼》中提及祭奠用茶，皆是佐证。茶叶是吉祥之物，能驱赶妖魔，保佑后人无病无灾。

（三）岁时饮茶

民间节日、节气饮茶，多以热烈祥和、寻讨吉利为基调。常见的有正月的"新年茶"，四月的"清明茶"，五月的"端午茶"，八月的"中秋茶"等。

在福建，新年伊始，家家户户都会泡上一壶茶，向长辈敬献，以祈求在新的一年里福气满满，此为"新年茶"。清明节时，尤溪的民众会采摘茶树鲜叶，不加炒制，直接泡水饮用，据说饮用此"清明茶"有健身明目的功效。连江的居民在清明这天则会插柳枝，品尝新茶。到了七夕，童子们以瓜果做乞巧会，学童则会在学堂里互相敬茶，还会把水果放进茶里饮用，称之为"七夕茶"。在政和，七夕节当天，孩子们以桃仁和炒豆泡茶，夜晚则在院子里摆放瓜果祭拜牛郎织女。福安地区也有类似的习俗。七夕节时，福安人会用桃仁和米糕点泡茶。此外，福安地区还有另外一种"七夕茶"。当地新娘娘家在新婚三年内，每年七夕节都要给女婿家送去白枣、状元糕、蜜茶糕、花生、葡萄、黄豆和橄榄等七种物品，作为女儿乞巧时的供品。

（四）斗茶之俗

斗茶，唐五代兴起，时称"茗战"。至宋代，尤为盛行。苏轼的《荔支叹》诗："君不见武夷溪边粟粒芽，前丁后蔡相笼加。争新买宠各出意，今年斗品充官茶。"《月兔茶》诗："君不见斗茶公子不忍斗小团，上有双衔绶带双飞鸾。"这些讲的是官员进献贡茶，在贡茶制作上费尽心思。范仲淹的"斗茶味兮轻醍醐，斗茶香兮薄兰芷。其间品第胡能欺，十目视而十手指"和刘松年的《茗园赌市图》描摹的则是民间街头斗茶之景象。

福建厦漳泉一带喜爱武夷茶，斗茶风气甚盛。厦门人好饮茶，其器具精而小，用孟公壶、若深杯，清道光《厦门志》云："彼夸此竟，遂有斗茶之举，有其癖者，不能自已，甚有士子终岁课读所入不足以供茶费。亦尝试之，殊觉闷人，虽无伤于雅，尚何忍以有用工夫而弃之于无益之茶也。"又据清乾隆《龙溪县志》载，当地喜武夷茶，五月时斗茶，"必以大彬之罐，必以若深之杯，必以大壮之炉，扇必以琯溪之箑，盛必以长竹之筐"。还注重泉品的选择，且茶费开支大，足以说明人们沉迷于此的程度。目前，在福建各个茶区，举办有各类各级斗茶赛事，颇有宋代斗茶之遗风。

〔宋〕刘松年《茗园赌市图》

（五）喊山祭茶

喊山为古代茶俗，始于唐而盛于宋，明代徐𤊹在《武夷茶考》中指出："喊山者，每当仲春惊蛰日，县官诣茶场，致祭毕，隶卒鸣金击鼓，同声喊曰：'茶发芽！'而井水渐满。"各朝各地的御

喊山祭茶（阮克荣／摄）

茶园，多于每岁贡茶采制前举行盛大的入山祭祀仪式，以祈求茶事活动的顺利开展。建瓯、武夷山作为宋代北苑、元代御茶园之所在也曾举行过这一仪式。

作为入贡朝廷的珍品，北苑贡茶的品质必须得到保障。宋代丁谓言说北苑贡茶于"社前十五日即采其芽，日数千工，聚而造之，逼社即入贡"，品质要求之严格可见一斑。且当时采茶必须在日出之前，"侵晨则夜露未晞，茶芽肥润，见日则为阳气所薄"，官府便在山中建打鼓亭，五更击鼓召集茶农作业，至辰时鸣锣方休。以至于欧阳修留下"夜闻击鼓满山谷，千人助叫声喊呀"之句。更有意思的是，在春寒料峭的时节，为了保证贡茶能及时采制，官府想出"调民数千鼓噪山旁，以达阳气"的措施，借以提高茶园气温，催生茶芽。北苑每岁进贡都用此法，直至方偕（992—1055）知建安，见此举劳民伤财，终才废止。

宋亡后，北苑贡茶逐步为武夷茶所取代。元至元十六年（1279），江浙行省平章事高兴过武夷，制石乳献贡。十九年，朝廷令县官岁贡二十斤。大德五年（1301），高兴之子高久住任邵武路总管，督造武夷山贡茶。大德六年，创建焙局于武夷山九曲溪四曲，始称御茶园，园内建仁风门、拜发殿、通仙井等，委派两名官员总领场务。泰定五年（1328），崇安县令张端本扩其地。至顺三年（1332），建宁总管暗都剌亲诣武夷御茶园督造贡茶，遵循旧典，行喊山之礼，却发现此前喊山祀神之仪不合理，"旧于修贡正殿所设御座之前，陈列牲牢，祀神行礼，甚非所宜，乃进崇安县尹张端本等而谂之曰：'事有不便，则人心不安，而神亦不享……'"，因而改弦更张，建祭坛于东皋茶园之空地，高五尺，方一丈六尺，名"喊山台"，建亭于台上，为"喊泉亭"。每岁惊蛰日，崇安县令偕官吏至此祭拜，备牲礼，颂祭文。祭毕，隶卒鸣金击鼓，同声呼喊"茶发芽"！其时，喊山祭茶所用祭文为："惟神，默运化机，地钟和气。物产灵芽，先春特异。石乳流香，龙团佳味。贡于天子，万年无替。资尔神功，用伸常祭。"

至今，武夷山还保留着喊山祭茶这一仪式，并已成了武夷山典型的茶事风俗。2021年10月，喊山祭茶被列入第九批南平市非物质文化遗产项目名录。

二、客家擂茶——茶叶杂饮之一端

茶的利用，最早是从人们生嚼茶叶开始的，也就是说，当今以茶作为饮料是从古代的"吃茶"开始的。如今的以茶掺食可以说是古代吃茶法的延伸。据史料记载，这种吃茶法已有3000多年的历史了。以茶做羹饮、茗粥之事，早在东汉的《桐君录》和东晋郭璞《尔雅注》中已有记载。三国时《广雅》中有一段重要的记载："荆巴间采茶作饼，成以米膏出之。若饮，先炙令色赤，捣末置瓷器中，以汤浇覆之，用葱姜芼之。其饮醒酒，令人不眠。"是典型的吃茶法之一。此种饮茶法与后来清饮茶叶不同，属于杂饮法。

擂茶，属于茶饮中杂饮系统，也是客家饮食文化中一朵光彩夺目的奇葩，拥有久远的历史和深厚的文化，但同时也因地域和风味的不同有着多样的俗名，如福建客家称"茶米"，广东陆丰客家称其为"咸茶""擂咸茶"，相距不远的海丰客家则称其为"油麻茶"或"炒米茶"，而在湖南有些人则称之为"秦人擂茶"。

福建客家擂茶主要分布于福建西部的三明和龙岩地区，集中在宁化、将乐、泰宁、建宁、明溪、长汀、武平、连城，以及西北部南平地区的延平、光泽、邵武等地。比较著名的有宁化客家擂茶和将乐客家擂茶，均被列入省级非物质文化遗产名录。其中则以将乐客家擂茶普及度最高。

（一）客家擂茶的历史

有关"擂茶"一名，最早出现于宋代。北宋耐得翁《都城纪胜》中记载"冬天兼卖擂茶"，南宋吴自牧《梦粱录》中也有"四时卖奇茶异汤，冬月添卖七宝擂茶、馓子、葱茶，或卖盐豉汤，暑天添卖雪泡梅花酒，或缩脾饮暑药之属"的记载。宋代饮茶提倡清饮，追求茶之真味。然而在民间，依然盛行着煮擂茶。南宋陈元靓在《事林广记》

中记载了擂茶的制作过程："将茶芽汤浸软，同去皮炒熟芝麻擂细，入川椒末、盐酥、糖饼，再擂匀细。如干，旋添浸茶汤。如无糖饼，以干面代之，入锅煎熟，随意加生栗子片、松子仁、胡桃或酥油同擂细，煎熟尤妙。如无草茶，只用末茶亦可，与芝麻同擂亦妙。"

元末明初以后，"擂茶"在中原和其他地区逐渐消逝，唯有客家人和部分畲族人，以及我国西南的个别少数民族继承下来。赣南、闽西、粤东、湘南、川北及台湾、香港等地的客家人，至今仍保留着食"擂茶"的习俗，有的地方还相当盛行与普遍。在"擂茶"风行的客家居住区，有则谚语云："无擂茶不成客，客到必用擂茶敬之。"明清时期，主流的饮茶方式改为散茶冲泡品饮。这种加入配料共煮的擂茶受到极大冲击，唯有客家人仍然保留着这一习俗。明初朱权编的《臞仙神隐》中记载了"兰膏茶、脑子茶、擂茶、杞菊茶、枸杞茶"等各种饮茶种类，还详细描述了擂茶的做法。明代孙绪还专门写过《擂茶》诗："何物狂生九鼎烹，敢辞粉骨报生成。远将西蜀先春味，卧听南州隔竹声。"说明此时擂茶习俗在士大夫阶层还有零星的保存。同时，或有客家人迁入的地区，有很多土著居民如畲、瑶等族的地方，也有一些接受并效仿擂茶的习俗，只是没有形成像客家那样集中而统一的擂茶文化。

（二）客家擂茶的制法

擂茶，简单来说，就是将生米、茶叶、生姜等配料放进擂钵里擂成细末冲沸水而成，又名"三生汤"。在闽西各县的客家群体中，擂茶依各自的口味和习俗各具特色，所选用的茶料和制作方法都不尽相同。根据配料的不同，擂茶又分擂茶粥、擂茶饭、纯擂茶三种。

尽管各地擂茶的原料所用不同，但加工擂茶的基本工具都是擂钵（盆）和擂棍（棒）。擂钵采用陶瓷器具，以陶制擂钵为多见，呈倒锥体，一般30~40厘米高，钵口约40厘米，器内壁有钵底向钵口呈发射状的细小规则刻槽，其目的是在制作过程中增加摩擦力，更容易将内容物研磨成细小的碎粒。擂棍材料各有不同，多为茶树的树枝。一般选用具有药性或香料功能的天然木材或粗大老藤，如山楂木、油茶木、芭乐木、白蛇藤等。在研磨过程中，擂棍也会作为原料，加入擂茶中。除擂钵外还有其他过滤和盛食的辅助工具，如笊篱（漏勺）、水瓢、碗勺等。

各地的擂茶依各自口味和习俗不同，所用茶料和制作方法都有所不同。先将材料按一定配比一起放进洗净的擂钵，双手握着擂棍就着钵底边快速研擂，待茶料被研得粉碎后，再加入少许净水继续研擂至泥状后，用烧开的水一冲，适当搅拌擂匀，用棕片或笊篱滤去渣滓，滤出来的汁就是擂茶了。有的干脆不过滤，就着渣喝，醇香浓郁，清爽可口。

将乐客家擂茶以芝麻、茶叶、陈皮三类原料为主，依时令和天气变化的需要加入其他草药，如鱼腥草、川芎、藿香、凤尾草等，制成清水擂茶。擂茶制作通常有配料、初擂、烫浆、过滤、再擂、冲浆等六个步骤。

制作方法：将配制好的原料放进擂钵里，加些许凉开水，两手握住一根长尺许的擂茶棍，沿着钵壁有节奏地作惯性旋转，待钵内之物被擂成细浆，将滚烫的开水徐徐倒入搅泡，用笊篱滤去渣滓，反复研磨二三次，一钵清爽可口的擂茶就制成了。制作好的擂茶香味醇厚，在饭后喝上几口，顿感油腻尽退；炎炎酷暑喝擂茶，更觉神清气爽。据称，常喝擂茶还有清热降火、解暑生津、清热利湿、延年益寿等功效，是极佳的保健饮品。其中关键处是对草药的使用。例如，要使擂茶解暑生津可以在擂制过程中添加鱼腥草、海金沙、七叶莲、金银花、菊花等。

在将乐,还流行喊人喝擂茶的习俗,称为"喊擂茶"。擂茶制作完毕,亲朋好友围在桌子上喝着热气腾腾的擂茶,吃些瓜果茶点,加上天南地北地聊天,是擂茶这种动手劳作后快乐的延伸。

三、八闽茶神信仰

民间敬茶神的行为由来已久。这种民俗源于人们对自然的崇敬以及对神灵的信仰。福建素有"八山一水一分田"之称,地理区隔显著,生活习惯、风土人情存在差异,八闽之地祭拜的一方茶神也各有千秋,但相同的是都以茶献神,祈愿茶神保佑茶事顺遂。

(一)武夷杨太伯公

武夷山有古谣云:"杨太公,李太婆,一个坐软篓,一个托秤砣。"旧时武夷山人认为,受人供奉的杨太公和李太婆会暗中为茶厂施术,以增加茶叶重量。据说,杨太伯公为唐时江西人,为入武夷开山种茶第一人,为人热忱,勤于种茶,善于制茶,创制出一整套制茶工艺,并倾囊授予乡民,武夷人称其为"太伯"。杨太伯死后,为表敬意,乡人尊其为"太伯公",奉为茶神,其妻李氏,乡人称"李太婆",享号"李太夫人"。时至今日,武夷山茶区仍沿袭有祭拜茶神的风俗,茶农于茶厂或厅堂设杨太伯公神位,或红纸书写,或塑泥立身,或硬木镌刻,人们点香烧烛,日常敬拜。每年春茶开采前,武夷山茶厂会举行开山仪式,全厂工人须于黎明时分起床,整漱完毕后,厂主带领众茶工在杨太伯公神位前点香燃烛,以作祭拜,之后再进山采摘茶叶。而随着茶产业发展,开山仪式已不仅限于各茶厂内。每年谷雨前,武夷岩茶核心产区九龙窠大红袍母树下,各茶企会备好供品,铺桌供以三牲,再由主祭洒净祈福,茶企代表身着统一服装汇聚于此,燃烛烧香,鞠躬拜揖,诚宣祭文,共同祈盼开工大吉、茶叶丰收、茶事顺当。

(二) 北苑张廷晖

北苑，在今建瓯市东峰镇凤凰山一带，为闽国、南唐、宋代御茶园，坐落有专事供奉茶神——张廷晖的恭利祠，乡人称之为"张三公庙"。张廷晖，字仲光，号三公，生于唐天复三年（903），后出仕闽国。闽龙启元年（933），张廷晖将凤凰山及其方圆三十里的茶园悉数献给闽王，受封"阁门使"，由此凤凰山被辟为闽国御茶园，至南北两宋登峰造极，位列官焙之首，造就北苑御茶园盛世。宋咸平年间（998—1003），北苑漕官感其恩德，奏请宋廷，于凤凰山建"张阁门使庙"，而后宋高宗亲赐"恭利祠"额，其后又封其为"美应侯"，累加"效灵润物广佑侯"，进封"世济公"。而自元代御茶园设于武夷山后，武夷茶兴起而北苑茶没落，北苑张廷晖信仰也渐次销偃。千禧年后，恭利祠新建完成，开春采茶之际及农历八月初八，茶农们自发来到恭利祠举行祭祀活动，祈求茶神张廷晖保佑一年茶事顺利，岁物丰成。

(三) 安溪茶王公

感德镇，位于安溪县城西北，民间奉祀茶王公——谢枋得，乡人又称之为"正顺尊王"。谢枋得（1226—1289），字君直，号叠山，宋江西弋阳人，与文天祥同榜进士。相传，谢枋得抗元失利后，化名谢正顺，隐居于感德镇左槐大岭山，教化山民，劝民垦荒种茶，从而促进了当地茶业兴盛。明成化五年（1469），左槐陈、黄、苏三姓建茶王公祠，塑金身，奉为境主。感德镇斗茶之风由谢枋得传入，在茶王公祠中有口感恩井，每到茶王赛之际，都有专人看管，由礼生负责取水，作为茶王赛的专用水，赛茶王活动也于茶王公祠中举行。从明代成化年间开始，感德镇祈茶福仪式于每年农历正月初一或立夏前十日、寒露前后十五日举行，人们置备新茶、果品、香花等清筵，焚香燃烛，敬奉茶王公，至今沿袭。而迎春彩则为祭祀活动中最为隆重的仪式，多于正月初十至十二日举行。初十日由道士主持道场，请神、做敬，初十夜里迎王灯。十一日茶王公外出刈火，刈火回村后，便有巡境活动，茶王公神尊途经之家家户户需摆清筵、点香礼敬。十一日晚，观丁入醮、装火树。十二日举行普度活动，由信众轮值准备丰盛供品，夜里演戏酬神。迄至今日，感德镇每年如期举行赛茶王、祈茶福、迎春彩三项仪式，祈求茶王公护佑岁物丰和、制茶顺利、茶叶走俏。

（四）福州茶帮妈祖

福州的茶帮妈祖信仰肇始于宋，兴于明清。近代五口通商后，福建各地的茶叶汇聚于福州港，远销海内外。供应福州市场的闽北茶叶通常经由闽江水道运来，而闽江上游航道奇险无比，有船倾货没人亡之虞，人们通过祭拜护佑航运的妈祖，以保平安。茶帮拜妈祖先于洪家茶帮中兴起，随着洪家茶业日渐昌盛，拜妈祖也从洪家特有的仪式发展为福州茶帮所共有的仪式。每年春、秋两季，既是茶叶采制和交易的旺季，又恰逢妈祖诞辰和飞升之时，武夷茶从下梅、赤石出发，沿闽江顺流而下，驶入三坊七巷的河道，首批茶运抵福州天后宫码埠后，茶帮先将最好的第一泡茶以特有的仪式献祭妈祖，于天后宫举行祭祀仪式。祭祀者们列队执香，行三跪九叩之礼，再由天后宫道长敕水泡茶，并诵读富有水上茶路和茶帮特色的祭祀用语。茶泡好后，分为初献礼（奠茶、献花、燃灯）、亚献礼（奠茶、献果、敬帛）、三献礼（奠茶、宣祝、焚疏）三种方式向妈祖虔心祭祀。而后，参祭者将供奉过的茶一一传至主祭手中，供茶倒一半，饮一半，最后众人一同吟诵妈祖颂，祭祀仪式方才礼毕。妈祖奠茶仪式，表达了茶帮对妈祖庇护水上茶路一帆风顺的感谢，也有祈求妈祖护佑于福州中转贸易的茶叶顺利销往世界各地的意图。

（五）福鼎太姥娘娘

闽东茶区最著名的当属福鼎白茶，而福鼎白茶出太姥山尤佳。太姥娘娘是太姥山地区畲族民众重要的女神信仰，也是他们关于族群历史记忆的集中代表。

据传上古时期，有一老母以种蓝为业，发现并利用福鼎白茶绿雪芽。在该地麻疹肆虐时期，老母以绿雪芽为药，救治麻疹病患，并将茶种乐施给乡民，使得绿雪芽广泛种植，畲族民众将之奉为女神。在福鼎民间，太姥娘娘护佑众生，救难禳灾的形象早已深入人心，人们奉之为神明，虔心祭拜。福鼎于农历七月初七太姥成道日，举办太姥娘娘祭典巡境活动，将"纪念太姥娘娘、弘扬福鼎白茶和太姥道教文化"作为历年主题延续至今。祭典分"得茶""传茶""祭祀"三个环节，即金童玉女在福鼎白茶母树和转世灵茶上采得圣茶后，传茶使者沿着太姥山观海栈道游线，一路将圣茶传至太姥娘娘雕像广场，再由主祭、陪祭向太姥娘娘献茶品，并躬身行三献礼。巡境活动由当地信众组织，太姥娘娘神像巡境时，沿途信众多捧香膜拜，祈求平安吉祥、风调雨顺、茶业兴旺。

（六）廊桥真武大帝

廊桥，是跨越地理障碍，为江、河两岸交通往来提供便利之物。闽北、闽东地区多崇山峻岭，溪流纵横，廊桥多选址在要道之上，成为山区交通出行必不可少之物。如，政和县锦屏村的水尾桥常遭火灾，而福安市坦洋村的真武桥也常毁于山洪，故为镇压火灾或山洪等破坏，人们在廊桥显著位置上大多设供神龛，奉祀观音、关帝、真武大帝、临水夫人、土地及各式地方土神，闽北、闽东地区多奉祀真武大帝，以求护佑桥梁安全。随着茶叶贸易的发展，途经廊桥贩售茶叶之人为祈求路途安顺、茶叶增产创收，久而久之，附近植茶茶农、茶商便将真武大帝一并尊为茶神，奉其为桥梁和茶叶的保护神。廊桥神灵的崇祀是民间信仰功利性的重要体现,至今仍有奉祀活动。每逢农历三月初三、五月初五或茶市开市,人们早早地聚集到廊桥上,进献供品,虔诚祭祀。祭祀分早、中、晚三次:早晨祭早茶神,中午祭日茶神,夜晚祭晚茶神,祭品以茶为主,配以糍粑、水果、酒水、纸钱之类。祭祀时,身着黄道袍的主祭,以三献礼,祭天、地、人神和茶神,参加祀典的民众虔诚地上香、鞠躬、叩首、敬酒、敬馔,寄托了茶人祈求出行平安、风调雨顺、茶叶丰产的美好愿望。

锦屏廊桥(陈昌村/摄 吕炜鑫/供图)

茶学家庄晚芳说，中国虽没有英国的 Tea Time，不过我们经常以茶敬客，它是一种美德。在八闽大地，人们招待远道而来的客人定会沏上一杯热茶。福建有政和配茶，供冲泡的茶叶是自制的头春清明茶，茶杯中还放有冰糖或红糖，而后再舀进煮好的鸡蛋花，端给客人吃。配茶的佐食丰富，配饮热茶尤为爽口，人们边饮茶边闲谈，其乐无穷。又如，屏南地区"贵客临门，敬一碗蛋茶，是屏南人的一份礼数；劳力出工，喝一碗蛋茶，是屏南人的一种习俗；游子还乡，啜一碗蛋茶，是屏南人的一缕乡愁"。开门七件事，柴米油盐酱醋茶。茶以生活的姿态出现，饱含人与人之间的温度。

第六讲　福建茶人及其精神

"茶人"一词最早见于唐代陆羽《茶经》，原指采茶人。而今"茶人"的含义愈加丰富，不止在茶学领域需要有所认知与贡献，品德方面亦应仁爱高尚，由此可延伸为人之于内心要有"茶德"的涵养、"茶道"的自律，拥有高洁爱茶之心。

一、从茶籽到茶汤

茶学学科涉及茶叶生物化学、茶树育种与栽培、茶叶加工、茶叶审评与检验、茶文化、茶叶市场与贸易等分支，福建茶人涉足茶学全领域，从一颗茶籽的萌芽，到最后一杯茶汤的鉴评，理论与实践俱重，取得了丰硕的成果，作出了卓越的贡献。

（一）中国高等茶学教育事业创始人、制茶学奠基人——陈椽

陈椽（1908—1999），又名陈愧三，福建惠安人，茶学家、茶学教育家、制茶和茶史专家，是我国近代高等茶学教育事业的创始人之一。1934年毕业于国立北平大学农学院农业化学系。他先后在集美农林学校、福建省茶业管理局、福建示范茶厂任职。在茶厂任职期间，陈椽对当时生产的工夫红茶、白毫银针、白牡丹等进行了技术测定，并撰写《政和白毛猴之采制及其分类商榷》《政和白茶制法及其改进意见》

陈橼先生考察茶区

陈橼（左二）、刘勤晋（左一）、姚月明（右二）、陈德华（右一）（刘勤晋/供图）

《福建政和之茶叶》等多篇论文和调研报告。

陈椽一直致力于茶学教育和茶叶科研工作，先后在福建集美农林学校、上海复旦大学、安徽大学、安徽农业大学执教，开拓茶域，培育英才。1978年9月，他不顾自己年迈体弱，不畏路途遥远，带领9所院校茶学专业教师深入云南、贵州、四川等地区，历时一个多月，搜集有关茶叶生产的科研资料以充实教学内容并完成《制茶学》的编撰。之后他又编著《制茶技术理论》作为研究生必修课的教材，主编《中国名茶研究选集》作为制茶学的补充教材，还编著了《茶叶商品学》《茶业经营管理学》《茶药学》《茶叶市场学》《茶叶贸易学》《茶业经济学》《茶业通史》等近40部著作，内容涉及制茶学、茶树栽培学、茶叶检验学、茶史学、茶业经济学，为创立上述五个茶学独立学科奠定了基础，为建立完整的中国茶学教育体系、制定教学大纲和各专业的主要教材作出了卓越的贡献。

（二）中国茶学学科体系开创者、茶树栽培学奠基人——庄晚芳

庄晚芳（1908—1996），原名庄友礼，福建惠安人，茶学家、茶学教育家、茶树栽培专家，我国茶树栽培学的奠基人之一。1934年毕业于中央大学农学院，后前往安徽祁门茶业改良场工作。1939年，任福建省茶业管理局副局长，1940年筹办福建示范茶厂，后又任东南茶业改良总厂技正和中国茶叶公司研究课课长，福建省农林公司总经理、董事长，曾先后在复旦大学农学院、安徽农学院、华中农学院和浙江农业大学任教。

庄晚芳重视学术理论研究和专业高层次人才培养，率先开展茶学研究生教育，主编《茶树栽培学》，编写《茶作学》《茶树生物学》《中国的茶叶》《茶树生理》等，其中，《茶树生物学》是我国第一部系

青年时期的庄晚芳

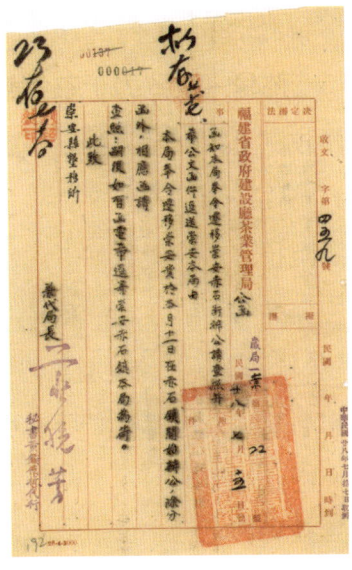

1939年福建省政府建设厅茶业管理局迁移崇安赤石街告知函

统论述茶树生物学特性的专著。他在论文《茶树原产于我国何地》中指出，"云、桂、川、黔一带是茶树原产地，其中云南是茶树原产地中心"。庄晚芳高屋建瓴，提出将"茶叶专业""茶业专业"更名为"茶学专业"，将专业教育体系向理、工、农、商、文、史、医拓展，为茶学学科培养综合素质高水平专业人才奠定了扎实基础。

晚年，他主要致力于茶文化研究，倡导"中国茶德"，将现代茶文化提高到了一个新的境界，将"中国茶德"概括为"廉、美、和、敬"四字。

（三）茶界泰斗——张天福

张天福（1910—2017），福建福州人。1932年毕业于南京金陵大学。1934年，他前往日本和中国台湾考察，于1935年8月受福建省教育厅及建设厅的任命，在福安创办福建省立福安初级农业职业学校及茶业改良场,开福建茶业科研和教育之先河,倡导"茶要有等,等下分级"的主张,使福建省成为全国第一批实施茶叶分级的省份。同期,他引进国外的全套红茶机械加工设备,促进了福建茶叶生产迈向机械化,这也是福建省制茶史上第一次机器制茶。

在任福建示范茶厂厂长期间,张天福深耕茶树品种、栽培、采制等方面,创办了崇安县立初级茶业职业学校,培养茶业专门人才。1941年,张天福基于前期各种茶叶机器考察,结合茶叶生产需求,设计并制造了我国第一台适合于茶农与小型茶叶加工企业使用的手推式揉茶机。此时正值抗日战争时期,国难当头,为激发人们的爱国思想,他将其命名为"九一八"揉茶机。1945年,张天福发表了《九一八揉茶机之构造与用法》,将其构造图样及用法公之于众,详细描述了"九一八"揉茶机提升产品质量、降低生产成本、减少劳动力投入、提升劳动效率等特点,自此提升了福建各产茶区的茶叶质量,降低了劳动强度,促进了福建茶业经济的发展。

张天福　　　　《张天福选集》

在从事茶叶科学研究的同时，张天福还致力于茶礼与茶文化的宣传与传播，创立茶叶社团，提出了用"俭、清、和、静"四字来表述中国茶礼的核心。张天福事茶八十余载，致力于茶学人才培养、制茶机械开发制造、乌龙茶品质技术提升，对福建茶业的恢复和发展作出了重要贡献。

（四）茶树育种先驱——郭元超

郭元超（1925—2001），福建莆田人。1953年自福建农学院园艺系毕业后分配到福建省茶叶研究所工作。我国有上千年的种茶历史，但当时在茶树品种系统研究方面还是一片空白。郭元超立志填补这一空白。他先后深入到省内外 50 多个重点产茶县市区进行科学考察，并征集保存了 200 多份茶树种质资源。

郭元超主持编著了《茶树品种志》《茶树栽培与茶叶初制》《中国茶树栽培学》等，发表科技论文 100 多篇。他还多次深入到高山密林中，调查野生大茶树，为研究茶树的进化和分类提供了宝贵资料。

郭元超在广东乐昌深山考察乐昌白毛茶
（陈荣冰／供图）

郭元超手迹

郭元超《茶树品种志》（刘宏飞/供图）

（五）援外茶使——林桂镗

习近平总书记在巴西国会发表演讲时指出："中国和巴西远隔重洋，但浩瀚的太平洋没能阻止两国人民友好交往的进程。200年前，首批中国茶农就跨越千山万水来到巴西种茶授艺。……中巴人民在漫长岁月中结下的真挚情谊，恰似中国茶农的辛勤劳作一样，种下的是希望，收获的是喜悦，品味的是友情。"正如中巴茶叶之缘，中国从20世纪60年代至70年代初开始援助非洲，马里共和国是重点经济援助对象。来自中国的林桂镗等茶学专家来到马里援助当地植茶并取得成功。

林桂镗（1925—1996），福建仙游人，毕业于福建省协和大学农学院农学系。先后在崇安县茶叶试验场、福建省农业科学院茶叶研究所、福建省农业厅、福安茶业职业学校工作。20世纪六七十年代，他负责、参与马里、阿富汗等国的茶叶种植与生产援助工作。1961年，林桂镗首次在被国外专家认定无法种茶的马里试种茶树成功,并创制出"49—60"号茶叶(炒绿),获得巴黎农业博览会一等奖,在国际上为祖国赢得了荣誉,为发展中马友谊作出了突出贡献。他长期在茶叶和农业战线上从事科技管理和领导工作,在茶叶栽培技术上造诣很深,先后发表《茶树重修剪》《茶树丰产栽培经验》《低产茶园改造技术》等论著。

林桂镗

(六)武夷岩茶泰斗——姚月明

姚月明(1932—2006),江苏无锡人。1951年考入复旦大学茶叶专业,后入安徽大学农学院师从著名茶学家陈椽教授。毕业后,他被分配至福建省崇安茶叶试验场工作。姚月明自此扎根武夷山,先后负责武夷山名丛普查、新品种培育、武夷茶树病虫害调查、武夷耕作法调查等工作。

在武夷茶制作方面,姚月明从理论至实践都有丰厚的成果,发表《岩茶加工原理及形成特殊品质问题探讨》《武夷肉桂初制技术》《岩茶焙制的理论与实际》等多篇研究报告,对武夷岩茶的加工理论有所总结与突破,并在制茶实践中得到了有效应用。他重视理论与实践的结合,除了对武夷岩茶有专攻外,还关注到武夷山其他的茶品,如正山小种、龙须茶、莲心茶等。

姚月明（右一）与他的老师陈橼（中）　　　　姚月明在摇青（刘宝顺／供图）

姚月明主编了《武夷文史资料：茶叶专辑》《建茶志》等，参编《中国名茶志》，从各方面较为完整地梳理了武夷茶之大端，是了解武夷茶的宝贵资料。他为继承和发展武夷岩茶做出了卓越业绩，被尊称为"武夷岩茶泰斗"。

（七）茶叶机械开拓者——陈清水

陈清水（1933—2021），福建泉州人，专注于茶叶机械的改造研制30余年。他为福建闽北地区的茶叶机械的改进、创新作出许多卓有成效的贡献，被尊称为"闽北茶叶机械先行者"。

自1958年起，陈清水参与了多项茶叶初制机器的改进和革新。为了完成国家商业部茶叶畜产局下达的科技项目——乌龙茶综合做青机，他深入闽北茶区，与茶叶技术人员和茶农共同研究、探讨，经过多种样机试验，最终研制出乌龙茶综合做青机，并荣获商业部重大科技成果二等奖。随后，陈清水又先后为产茶区设计、建设规范化的茶叶初制厂56座，并配套相关的工艺和装备。陈清水的研发工作，使乌龙茶由手工制作迈向了机械化生产的道路，

陈清水与乌龙茶综合做青机（刘宝顺/供图）

打开了机械做青、杀青、揉捻、干燥的局面，为茶产业的繁荣发展奠定了基础。

（八）茶叶品质化学专家——骆少君

"茶让世界和平，茶让社会和谐，茶让家庭和睦，茶让朋友和气，茶让自己气和"，是茶叶品质化学专家骆少君"茶和天下"的理念。骆少君（1942—2016），福建惠安人。1965年从浙江农业大学茶叶系毕业后，进入福州茶厂技术质量检验科工作。后赴日本静冈大学留学，主攻茶叶的风味化学研究。

在福州茶厂工作期间，骆少君专心于科研，曾多次获得福州市科技进步奖、商业部科技进步奖。从日本学成归来后，她到中华全国供销合作总社杭州茶叶研究所工作，专注"茶叶香气研究"科研课题，她的研究成果使得福州茉莉花茶乃至全国花茶产业降低了生产成本，节约了劳动力。

骆少君（右一）、张天福（左二）、姚月明（左一）审评武夷岩茶（刘宝顺/供图）

  骆少君在各种学术期刊和会议上发表了多篇关于花茶、乌龙茶香气研究的论文及新工艺技术，拥有多项发明专利。其中，她对武夷岩茶的定位与发展有十分深刻的见解："武夷岩茶作为乌龙茶中的茶王，是茶中精品，其独特的品质、文化内涵是任何茶不能取代的，……武夷岩茶不能追随市场，而应呼唤市场，让市场了解自己，认识自己，保持自己特长。"

二、闽台茶业津梁

  海峡两岸茶业源远流长，关系密切，离不开茶人之间的互动与奉献。福建籍茶人林馥泉、吴振铎投身我国台湾茶业，是闽台茶业之津梁。

（一）两岸乌龙茶精耕者——林馥泉

林馥泉（1913—1982），福建惠安人。中学毕业后到上海攻读农科。1940年3月调任福建示范茶厂担任技师，并任武夷直属制茶所主任，从事武夷岩茶品种、制作等调查与研究，他在《武夷茶叶之生产制造及运销》中详细记载了武夷山茶树资源的种类、名称、特征等，为研究武夷茶提供了翔实的资料。

抗战胜利后，林馥泉被遴聘赴台，参与接收台湾农业部门相关产业，担任农林处技正，致力于茶叶生产研究和茶叶人才培训。此外，林馥泉在弘扬中国茶文化方面也作出积极贡献。他倡导中国茶道，积极推

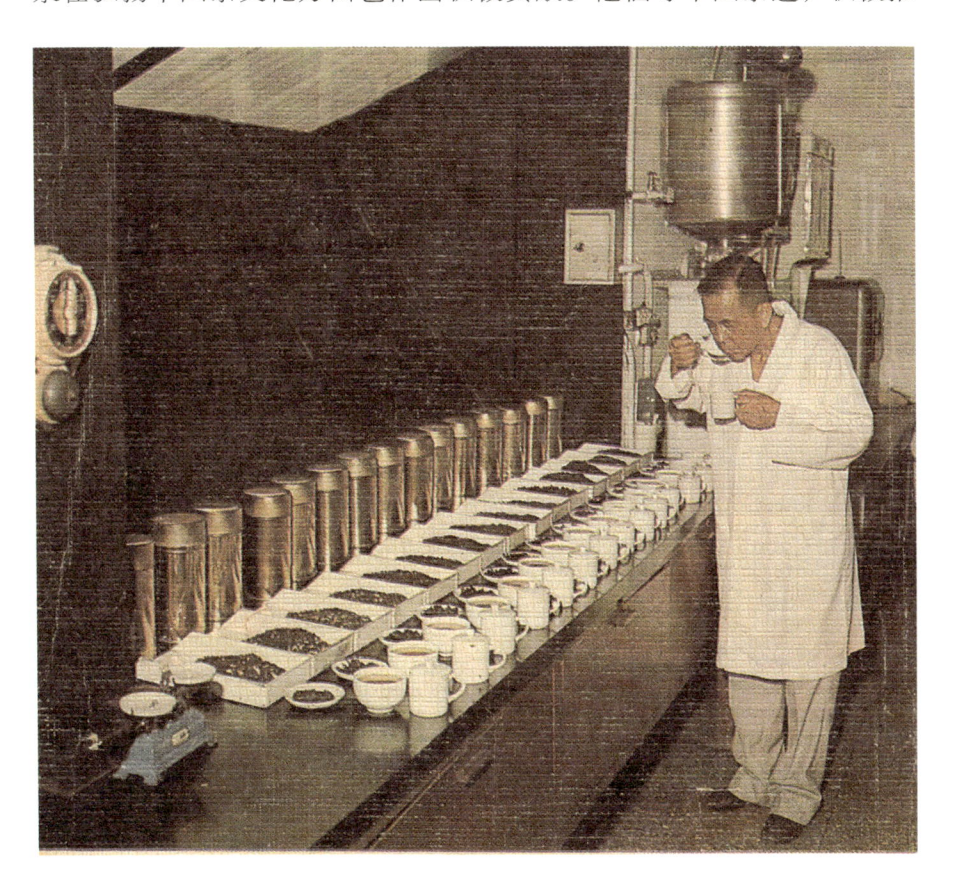

林馥泉

林馥泉《乌龙茶及包种茶制造学》

林馥泉题字

动成立中国工夫茶馆。编写《乌龙茶及包种茶制造学》《台湾制茶业手册》《识茶入门》《茶的种类》《选茶·泡茶》《茶品质鉴定》《茶之艺》等茶学论著。

（二）台茶之父——吴振铎

吴振铎（1918—2000），福建福安人，我国著名茶学家和农学家。1936年考入福建高级茶科学校，后至福建农学院修读农艺。1944年，在崇安茶场工作。1946年前往台湾，在台湾的50多年里，他对台湾茶业的发展作出了卓越的贡献，被台湾茶界尊称为"台茶之父"。

吴振铎专注于茶学教育、茶树育种、茶叶制造、茶叶审评及茶园机械等研究，取得了丰硕的成果。他成功培育了适制乌龙茶包种茶之"台茶12号"（金萱）和"台茶13号"（翠玉），并于台湾、福建、广东、广西广泛种植。

吴振铎退休后仍心系海峡两岸茶叶学术交流，提出了台湾的青心乌龙茶就是源于建瓯的矮脚乌龙，不遗余力地向台湾茶界介绍武夷茶及福建茶，不间断地进行茶作学授课及茶文化活动的推广。在台湾也

吴振铎（右八）参加首届闽台茶叶学术讨论会（刘宏飞/供图）

吴振铎（左一）考察茶区　　吴振铎《吴振铎茶学研究论文选集》

多次组织"无我茶会"，邀请福建省茶界人士赴会，促进了海峡两岸茶叶学术交流。晚年，他整理出版《吴振铎茶学研究论文选集》，给后人留下宝贵的研究成果。

三、茶人精神见闽人智慧

以《茶经》"精行俭德"始，中国茶道与儒家思想融合，得以进一步发展与丰富。如茶道精神之"和"，源于茶叶的自然品性，唐代韦应物认为茶"洁性不可污"，儒家茶人从中得到启迪，认为饮茶可以"调神和内"，即饮茶能调节精神，和谐内心。唐代裴汶《茶述》指出茶"其性精清，其味浩洁，其用涤烦，其功致和。参百品而不混，越众饮而独高"。北宋赵佶《大观茶论》说茶"擅瓯闽之秀气，钟山川之灵禀，祛襟涤滞，致清导和，则非庸人孺子可得而知矣；冲澹闲洁，韵高致静，则非遑遽之时可得而好尚矣"。正因为茶具有中和、恬淡、精清、高雅、自然的品质与属性，人们得以从中寻求心境的平和，生活的雅趣，以获得精神的愉悦与解脱。宋代大文豪苏轼尤爱建茶，认为它有君子之风，喜欢它"森然可爱不可慢，骨清肉腻和且正"，将茶与人的品行与道德做了联结，茶道亦在其中。苏轼另有《叶嘉传》，以拟人化的手法，塑造了一个"风味恬淡，清白可爱""有济世之才"的茶叶形象。叶嘉在权贵面前勃然吐气，不卑不亢，勇于苦谏，更以"风味德馨"之本色，宣扬茶人应有正直、淡泊名利、刚毅的精神。

福建茶人溯源陆羽"精行俭德"、叶嘉"清白济世、淡泊名利"之精神，延续民国时期一代茶人为华茶复兴之心路，提出诸如"俭清和静""廉美和敬"等茶人精神，彰显闽人智慧，生生不息。张天福认为"茶，不仅是一种饮品、一个产业或者单纯的经济领域问题。茶的内涵丰富，从茶的品质特性、品茗意境、社会功能，结合当前社会实际，可以形成'中国茶礼'"。他于1996年提出"中国茶礼——俭、清、和、静"：茶尚俭，勤俭朴素；茶贵清，清正廉明；茶导和，和衷共济；

张天福手书"俭清和静"

茶致静，宁静致远。另一茶学家庄晚芳探索中华茶道，凝练陆羽精神及《茶经》精粹，将"茶道"定义为"一种通过饮茶的方式，对人民进行礼法教育、道德修养的一种仪式"，他提出了"中国茶德——廉、美、和、敬"：廉俭育德，美真康乐，和诚处世，敬爱为人。姚月明在武夷岩茶的垦植耕作、栽培采摘、加工技艺、数据化验、茶叶审评、品牌营销、文化传播等方面，辛勤耕耘，他常说"茶品如人品，品茶如品人，茶如其人"，与苏轼所言的"君子性"，一脉相承、薪火相传。

庄晚芳手书"廉美和敬"

姚月明"茶品如人品，品茶如品人，茶如其人"手迹

福建老一辈茶人还有刘轸、廖存仁、庄灿彰、倪郑重、李述经、庄任、林漱峰、李冬水、林心炯、叶延庠、吴秋儿、陈哲思、林瑞勋、戈佩贞、赖明志、叶宝存、李宗垣、陈彬藩、詹梓金、曾国渊、叶兴渭、陈德华、罗盛财等，还有工作在生产一线的茶农、制茶师、评茶师，他们坚守传统，勇于创新，积累了丰富的经验，探索出改良之法，使得福建茶业蓬勃发展，茗香悠远。

第七讲　福建茶叶典籍

唐代陆羽《茶经》开茶叶典籍著述之先河，后世常以之为体例，书写茶事。两宋时期，关于北苑贡茶之作品迭出，是福建茶叶典籍写作之高峰，也奠定了建茶的历史地位。清代崇安县令陆廷灿的《续茶经》，是清中期以前茶书之集大成者，此书编纂于武夷山，且描述福建茶事者丰富，故特以介绍。民国时期，一大批茶叶专家在武夷山开展调查研究工作，在福建茶的研究上取得了丰硕成果。

一、北苑贡茶的书写

福建茶文化书写的巅峰期出现在宋代。在宋代经济和文化繁荣发展的沃土中，宋代的茶文化也获得了极大的发展。北苑之名，始于南唐。北苑茶原产地为福建建安凤凰山（今福建省，建瓯市东峰镇凤凰山），又名建州茶。唐代陆羽《茶经》中首次提及建茶，"岭南，生福州、建州、泉州、韶州、象州。其恩、播、费、夷、鄂、袁、吉、福、建、泉、韶、象十二州未详，往往得之，其味极佳"。"本朝之兴，岁修建溪之贡，龙团凤饼，名冠天下，而壑源之品，亦自此而盛"，北苑贡茶在宋代名冠天下，受到诸多文人雅士歌咏，出现众多名篇，如蔡襄的《茶录》、宋子安《东溪试茶录》、赵佶《大观茶论》等，这些茶书从北苑茶的色、

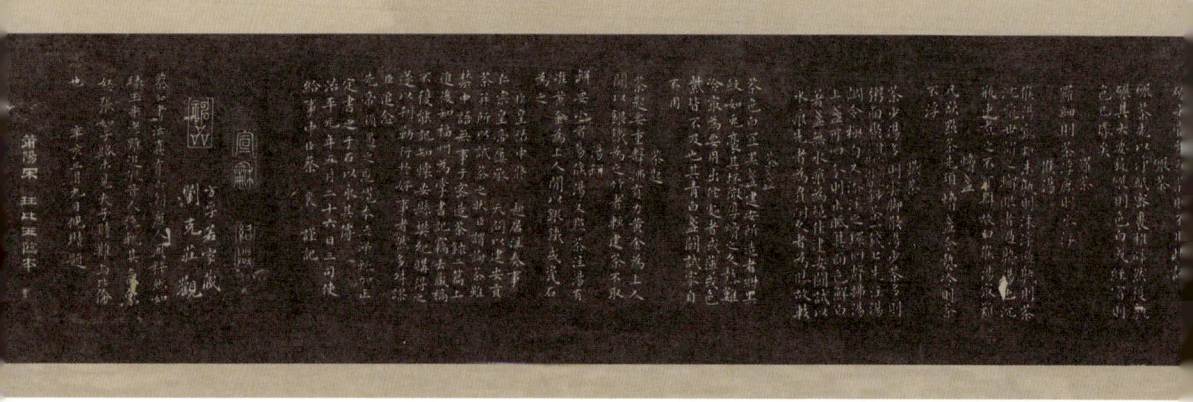

〔宋〕蔡襄《茶录》古香斋宝藏蔡帖绢本

香、味等品质表现，栽植环境、采摘方式、制作技艺以及茶汤饮用等方面细致介绍了北苑茶。

蔡襄（1012—1067），字君谟，宋仙游（治所在今福建省仙游县）人，宋仁宗庆历年间（1041—1048）任福建转运使，首造小龙凤团茶，于皇祐年间（1049—1054）撰写《茶录》一书。《茶录》是现存宋代茶书中最早且完整的著作，也是最早专文记录宋代点茶法的著作，并影响了后代茶书的撰写。是书分为上下两篇，上篇论茶，下篇论茶器。论茶一篇主要写到茶的色、香、味表现

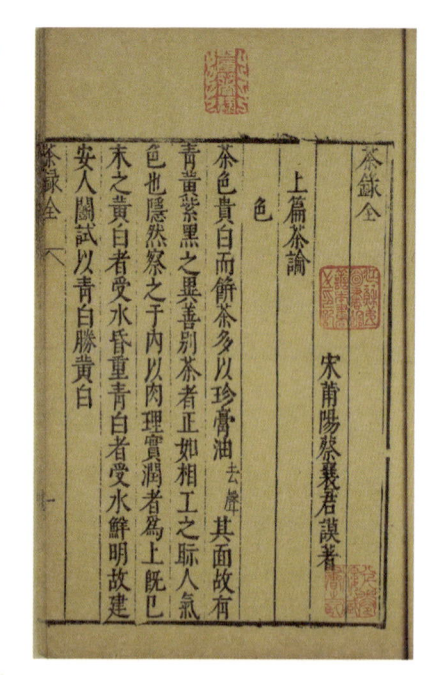

〔宋〕蔡襄《茶录》书影
（南京图书馆藏）

以及茶叶存放方法和烹试程序，其中提及建茶品质，"茶味主于甘滑，惟北苑凤凰山连属诸焙所产者味佳。隔溪诸山，虽及时加意制作，

色味皆重，莫能及也"。茶器一篇主要介绍茶叶储存、制作和饮用等工具。

宋子安，宋建安（治所在今福建省建瓯市）人，于治平元年（1064）前后作《东溪试茶录》一书。《东溪试茶录》比较详细地介绍了建州北苑官焙数量和名称及其阶段发展情况，并重点叙述了北苑、壑源、佛岭、沙溪四地地理位置和所产茶叶品质表现。《东溪试茶录》首次关注到茶叶的生物学特性，将茶树按照不同性状划分，"一曰白叶茶，民间大重，出于近岁，园焙时有之……次有柑叶茶，树高丈余，径头七八寸，叶厚而圆，状类柑橘之叶……三曰早茶，亦类柑叶，发常先春，民间采制为试焙者。四曰细叶茶，叶比柑叶细薄……五曰稽茶，叶细而厚密，芽晚而青黄。六曰晚茶，盖稽茶之类，发比诸茶晚，生于社后。七曰丛茶，亦曰蘖茶，丛生，高不数尺，一岁之间，发者数四，贫民取以为利"。这七种茶，基本上是根据茶的树形、叶色、叶形、发芽早晚等方面划分的。该段文字是我国古代对地方茶树品种进行分类的最早记载。

黄儒，字道辅，宋建安人，熙宁六年（1073）进士，于1075年前后撰写《品茶要录》。《品茶要录》"辨壑源、沙溪"一篇和"后论"部分阐述了壑源和沙溪两地茶叶品质差异，"壑源、沙溪，其地相背而中隔一岭，其势无数里之远，然茶产顿殊"。并细致列举茶叶造假之方式，"其有桀猾之园民，阴取沙溪茶黄杂，就家棬而制之。人徒趣其名，睨其规模之相若，不能原其实者盖有之矣。……然沙溪之园民，亦勇于为利，或杂以松黄，饰其首面"，可见，北宋时期，在利益的驱使下假冒伪劣茶的现象已经出现，并引起时人关注。

宋徽宗（1082—1135），名赵佶，于大观元年（1107）亲撰有史以来第一部由皇帝御笔具有开创性的茶书《大观茶论》，将饮茶风习进一步普及到社会各个阶层。全书开篇为序论，其次按地产、天时、采择、蒸压、制造、鉴辨、白茶、罗碾、盏、筅、瓶、杓、水、点、味、香、色、藏焙、品名、外焙二十目详细展开讨论。《大观茶论》以陆羽《茶经》为立论基点，对茶树的种植、茶叶采制和品鉴都有独到的见解，并详细论述宋代的点茶技法。文章开篇便强调北苑贡茶之地位，"本朝之兴，岁修建溪之贡，龙凤团饼，名冠天下，而壑源之品，亦自此盛"。文章对茶叶因地制宜环境、适宜采摘时间、茶饼制作方法和茶叶品质评鉴标准等都有详细的阐释。其中的"点"即"点茶"一篇论述尤为精妙，"以汤注之，手重筅轻，无粟文蟹眼者，谓之静面点。盖击拂无力，茶不发立，水乳未浃，又复增汤，色泽不尽，英华沦散，茶无立作矣。……第二汤自茶面注之，周匝一线……三汤多寡如前，击拂渐贵轻匀……四汤尚啬，筅欲转稍宽而勿速……五汤乃可少纵……六汤以观立作……七汤以分轻清重浊……"，详细论述每汤手法和茶汤表现，反映了北宋时期事茶之精细，饮茶技法之绝伦。《大观茶论》中的一些观点具有重要的理论价值和研究意义，如"地产"一目对于茶树栽植环境阴阳相济关系的认识："植产之地，崖必阳，圃必阴。盖石之性寒，其叶抑以瘠，其味疏以薄，必资阳和以发之；土之性敷，其叶疏以暴，其味强以肆，其则资阴以节之。阴阳相济，则茶之滋长得其宜"。

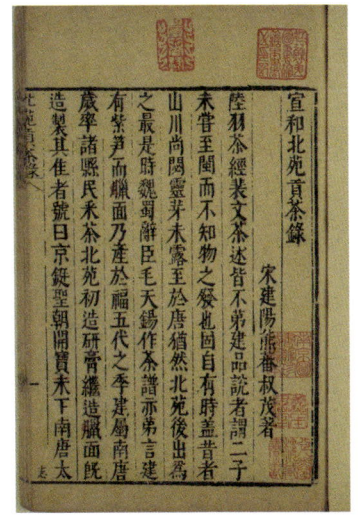

〔宋〕赵佶《大观茶论》明弘治十三年（1500）抄《说郛》本（中国国家图书馆藏）

〔宋〕熊蕃《宣和北苑贡茶录》书影（南京图书馆藏）

熊蕃，字叔茂，宋建阳（治所在今福建省南平市建阳区）人，因感于北苑贡茶制造盛况，遂于宣和年间（1119—1125）著《宣和北苑贡茶录》一书。熊蕃之子熊克，字子复，于绍兴二十八年（1158）摄事北苑，为《宣和北苑贡茶录》绘制三十八图，附录其父熊蕃所作《御苑采茶歌》十首于篇末，始刊于淳熙九年（1182）。《宣和北苑贡茶录》主要内容为北苑贡茶发展简史，详列贡茶名目，其中对于各色贡茶形制的图绘尤为珍贵，是了解北苑贡茶的重要文献图像资料。

《北苑别录》，赵汝砺于南宋孝宗淳熙十三年（1186）撰成，该书为补熊蕃《宣和北苑贡茶录》而作。《北苑别录》开篇介绍建安北苑凤凰山优越的产茶环境和极佳的茶叶品质，"建安之东三十里，有山曰凤凰，其下直北苑，旁联诸焙。厥土赤壤，厥茶惟上上。……厥今茶自北苑上者独冠天下，非人间所可得也"。而后详述龙游窠、苦竹里、苦竹源、凤凰山等御茶园四十六焙，并介绍采茶、拣茶、蒸茶、榨茶、研茶、造茶、过黄等茶叶加工制作流程，以及贡茶种类和贡茶数目。文章"开畬"一目讲述了茶园除草以及间作的管理技术，"草木至夏益盛，故欲导生长之气，以渗雨露之泽。每岁六月兴工，虚其本，培其土，滋蔓之草、遏郁之木，悉用除之，政所以导生长之气而渗雨露之泽也。此之谓开畬。……桐木之性与茶相宜，而又茶至冬则畏寒，桐木望秋而先落；茶至夏而畏日，桐木至春而渐茂，理亦然也"，这些开畬和间作等茶园管理技术对于茶叶品质的保护和提升有积极作用，至今仍受用。

丁谓（966—1037），字谓之，后改字公言，宋苏州长洲（治所在今江苏省苏州市）人，于淳化五年（994）被任命为福建路转运使，执行福建路内榷茶法，督造龙凤团茶，撰写了《北苑茶录》。《北苑茶录》原书已佚，后朱自振、沈冬梅从《杨文公谈苑》《梦溪笔谈》《东溪试茶录》《宣和北苑贡茶录》《事物纪原》等书中辑佚出十一条佚文，主要记载了北苑贡茶生长环境和贡茶品目，如"建安茶品，甲于天下，疑山川至灵之卉，天地始和之气，尽此茶矣。石乳出壑岭断崖缺石之间，盖草木之仙骨""（龙茶）太宗太平兴国二年，遣使造之，规取像类，以别庶饮也"云云。

此外，宋代还有几部已经佚失的记载北苑贡茶的著作，如刘异《北苑拾遗》、范逵《龙焙美成茶录》及章炳文《壑源茶录》等。

二、一本崇安县令的读书笔记——《续茶经》

陆廷灿，在崇安任多年知县、候补主事。他感于《茶经》问世已久，其中许多内容已不适用，便依照《茶经》目次，于1734年撰成汇编性茶书《续茶经》。《四库全书总目提要》对《续茶经》给予了高度评价："自唐以来阅数百载，凡产茶之地，制茶之法，业已历代不同，即烹煮器具，亦古今多异，故陆羽所述，其书虽古，而其法多不可行于今。廷灿一一订正补辑，颇切实用，而征引繁富"。《续茶经》中保存了大量茶文化史料，其中征引的建茶相关文字，为后世福建茶叶历史文化的研究提供了重要的史料依据。

（一）陆廷灿其人

清代，封建经济又焕发生机。受益于对外贸易发展、耕地增加与粮食作物产量提高等因素影响，茶叶生产也获得较大发展。茶叶成为当时国家的主要经济作物之一，茶叶课税是国家财政的重要来源之一。与此同时，不少文人士大夫饱受国破家亡之痛，转向在风雅艺术中寻求寄托，寄予其遗世独立的人生抱负。在文人雅士著书立说、言传身教影响之下，社会上饮茶蔚然成风，茶叶真正成为全民饮品。陆廷灿便生活于这样的社会背景之下。

陆廷灿（1670—1738），字扶照，号幔亭，清代太仓州嘉定（治所在今上海市嘉定区）人，其家族为当地富户。陆廷灿年轻时曾拜宋荦、王士禛等名士为师，光绪《嘉定县志》载："廷灿幼从王文简、宋荦游，深得作诗之趣。"然屡试不第，出身岁贡，康熙五十六年到雍正元年（1717—1723）任福建崇安县令，期满后转候补主事。《武夷山志》中提及陆廷灿为官事迹，"洁己爱民，旌别淑慝，尝同王草堂校订《武夷山志》，表章往哲，刊播各集。每于公事入山，遇景留题。文章、经济兼而有之"。可见，陆廷灿在崇安任职期间，尽职尽责，颇受当地民众爱戴。张云章《陆扶照松滋草诗序》歌咏了陆廷灿与父母相处之事，"陆君扶照，往者于家园中多植菊以娱其尊人。尊人每策杖逍遥其间，陆子令善画者为图以谱之。一时士大夫闻而艳之，相与歌咏其事，余亦有文以记之"。可见，他不仅是位好县令，还是有名的孝子。

《候补员外郎福建崇安县知县慢亭陆公墓志铭》（节录）（〔清〕王鸣韶《鹤溪文稿》）（李国萍/供图）

〔清〕陆廷灿《续茶经》卷端（清雍正刻本）

陆廷灿于《续茶经·凡例》中言及撰写《续茶经》的缘由："《茶经》著自唐桑苎翁，迄今千有余载，不独制作各殊而烹饮迥异，即出产之处亦多不同。余性嗜茶，承乏崇安，适系武夷产茶之地。值制府满公，郑重进献，究悉源流，每以茶事下询，查阅诸书，于武夷之外，每多见闻，因思采集为《续茶经》之举。"加之清代对训诂考据之学的推崇，陆氏于古籍文献中爬梳整理，历经十余年，在雍正十二年（1734）编撰成此书。

（二）《续茶经》版本与内容

关于《续茶经》各版本之间的渊源关系，杨多杰《〈续茶经〉研究》对此作了细致地探研梳理。《续茶经》清代主要版本有两种，分别为寿椿堂刊本和《四库全书》本。四库本《续茶经》又分为"文渊阁本"

和"文津阁本"。两者不具有内容上的承继关系,皆是以寿椿堂刊本作底本誊写的。其中,文渊阁四库本《续茶经》编修于乾隆四十六年(1781)九月,文津阁四库本《续茶经》编修于乾隆四十九年(1784)八月。两者编修时间不同,编者也不是同一批人。文渊阁四库本对寿椿堂刊本进行了一些删改,偶现誊抄错误。需要指出的一个情况是,四库馆臣对周亮工等人的撤毁,例如《续茶经》"二之具"引:"周亮工《闽小纪》:'闽人以粗磁胆瓶贮茶,近鼓山、支提新茗出,一时尽学新安,制为方圆锡具,遂觉神采奕奕不同。'"此处的"周亮工《闽小纪》",文渊阁本作"王象晋《群芳谱》",文津阁本作"谢肇淛《五杂组》"。若依四库本,则有张冠李戴之误。此外,文津阁四库本将《凡例》部分删除,不便于阅读。寿椿堂刊本为《续茶经》最早版本,且是最佳版本。

《续茶经》一书继承了陆羽《茶经》的体例,分为上、中、下三卷,目次与《茶经》一致。卷上为一之源、二之具、三之造,卷中为四之器、五之煮,卷下为六之饮、七之事、八之出、九之略、十之图,并附历代茶法于文后。每一目次之下,都引用了若干文献资料进行论述。如"茶之源"中引用许慎《说文》中的"茗,荼芽也"及《诗疏》"椒树似茱萸,蜀人作茶,吴人作茗,皆合煮其叶以为香"等资料例证茶之源起,按照时间顺序依次列出,时间跨度一千六百多年,上自东汉,下迄明清。据统计,《续茶经》中所引文献涵盖了大量茶书、文集、笔记和地方志等。全书共计七万余字,在中国茶书中实属篇幅宏大之作。《续茶经》中所引文献主要涉及茶之起源发展、茶树种植、茶叶采摘与制作方法、茶叶制作工具与饮用器具、茶叶烹饮方法与品茶技艺、宜茶之水及其鉴别、茶事典故和茶人逸事、茶叶产地及名品、历代茶叶诗文摘句和茶画名目等。

(三)《续茶经》中之建茶

《续茶经》中多处辑录了福建茶事,除却《大观茶论》《北苑别录》《东溪试茶录》等北苑贡茶书写名篇,其中还有诸多内容谈及建茶。

"茶之源"一章摘录的王辟之《渑水燕谈》中有云:"建茶盛于江南,近岁制作尤精。龙团最为上品,一斤八饼。庆历中,蔡君谟为福建运使,始造小团,以充岁贡,一斤二十饼,所谓上品龙茶者也。仁宗尤所珍惜。虽宰相未尝辄赐。惟郊礼致斋之夕,两府各四人,共赐一饼。宫人剪金为龙凤花贴其上,八人分蓄之。以为奇玩,不敢自试,有佳客,出为传玩。"足见"小龙团"之精贵。而"嘉祐中,小团初出时也。今小团易得,何至如此多贵?"一句则反映出北苑贡茶生产制作技术的提高。又如所摘录的元熊禾《勿轩集》中简要叙述了北苑贡茶发展简史,"贡,古也。茶贡,不列《禹贡》《周·职方》而昉于唐,北苑又其最著者也。苑在建城东二十五里,唐末里民张晖始表而上之。宋初丁谓漕闽,贡额骤益,斤至数万。庆历承平日久,蔡公襄继之,制益精巧,建茶遂为天下最"。此外,还有《西吴枝乘》《六安州茶居士传》亦提及建茶之事。

"茶之造"一章主要辑录茶叶采摘制造、茶叶品质评鉴和茶叶贮藏方法等方面内容,其中所摘录的王草堂《茶说》记载了武夷茶采摘制作之内容,"武夷茶,自谷雨采至立夏,谓之头春。约隔二旬复采,谓之二春。又隔又采,谓之三春。头春叶粗味浓,二春、三春叶渐细,味渐薄,且带苦矣。夏末秋初,又采一次,名为秋露,香更浓,味亦佳,但为来年计,惜之不能多采耳。茶采后,以竹筐匀铺,架于风日中,名曰晒青。俟其青色渐收,然后再加炒焙。阳羡、岕片只蒸不炒,火焙以成,松萝、龙井皆炒而不焙,故其色纯。独武夷炒焙兼施,烹出之时,半青半红,青者乃炒色,红者乃焙色也。茶采而摊,摊而撋,香气发越即炒，过时、不及皆不可。既炒既焙，复拣去其中老叶枝蒂，使之一色。"这段文字所记载的武夷茶制作工艺流程与当今武夷岩茶制作工艺一致，其中对武夷茶"半青半红"的做青程度的描述与现在武夷岩茶对做青品质所要求的"三红七绿""绿叶红镶边"等描述类似，表明了《茶说》（1717）之前，武夷岩茶制作技艺已经形成。这则记载是研究乌龙茶制作技艺起源和发展所绕不开的文献资料。

此外，"茶之煮"一章所引文献《武夷山志》中记载了武夷山语儿泉、天柱三敲泉、北山泉等泉水之滋味品质，"纯远而逸，致韵双发"。"茶之事"一章《烟花记》中记录了唐代出现的"北苑妆"这一有趣之事，"建阳进茶油花子饼，大小形制各别，极可爱。宫嫔缕金于面，皆以淡妆，以此花饼施于鬓上，时号'北苑妆'"。诸如此类，《续茶经》中征引大量建茶相关文献资料，其中部分文献资料稀见，故具有较高的史料和学术价值。

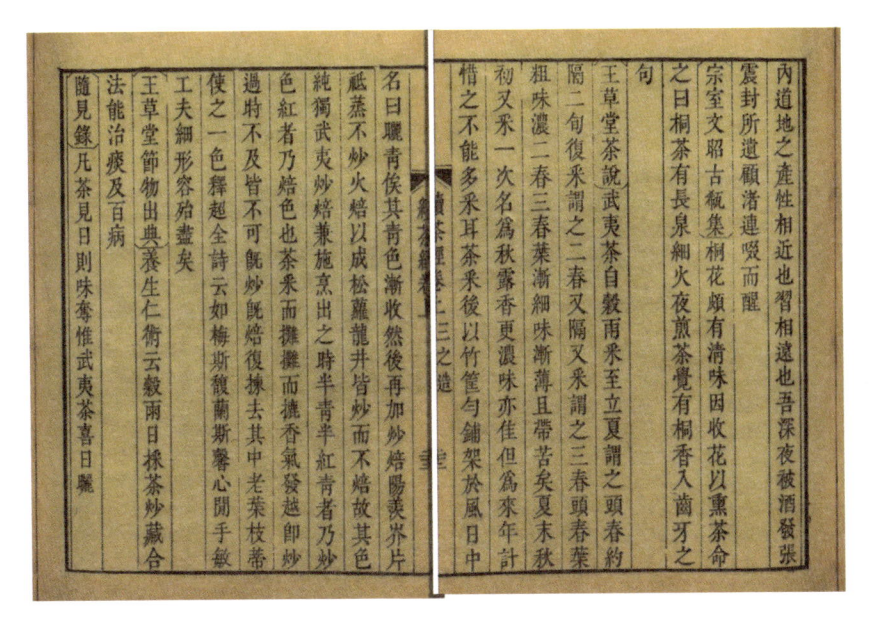

［清］陆廷灿《续茶经》引王草堂《茶说》

三、民国茶学家的调查研究

民国时期，茶业在战争与动乱中曲折发展。清代末年茶业发展式微，至民国初年中国绝大部分茶区之茶产业跌至低谷。虽然福建茶业在国内处于领先地位，但是在当时整个中国茶业发展受挫的大背景之下，福建茶业较巅峰时期相差甚远，"（清季）利源甚薄，民者借此为生者亦不乏其人，独至民国后，茶山之人亦稀罕。其茶园荒芜者有之，茶树枯萎者亦有之，故出产因之递少，茶市也因之减色，操斯业者未免为之叹息"。茶叶外销遭到了沉重打击，由于印度、日本等国茶业的崛起，以及闽茶自身存在的种种问题，福建茶叶外销进入低谷。1913年，福建全省闽茶出口尚有25万担，至1935年，已经降至13万担左右，其衰落之势可见一斑。基于此，1935年福建省政府建设厅工作报告坦言："倘再不谋复兴，则前途不堪设想矣！"当局政府和茶人视茶叶为福建重要物资，为了挽救茶业疲弱之势，于1935年全面推行福建茶业改良。福建当局极为重视茶叶科研教育，以提升同印度、锡兰（今斯里兰卡）和日本等国家茶叶的竞争力，成立了福安县初级职业学校、福建省建设厅茶业改良场、福建示范茶厂和中央茶叶研究所等机构。在这样的背景下，涌现出了一批致力于茶业教育和科研发展的茶学家们，他们推动了福建茶业乃至中国茶业发展，培养了大批茶业专门人才，创造出了丰富而厚重的茶业科研成果。

民国时期，福建省政府注重推行农业教育，其茶业教育在全国处于领先水平。1934年9月，福安县改县立初级中学为福安县立初级茶业职业学校，这是福建省第一所茶业职业学校，专门研究茶叶种植、制作和运销等问题。陈鸣銮任该校校长，其间编撰《福建福安茶业》一书，全面介绍了当时福安茶业的发展概况，涉及福安县地理位置、地势及交通，福安县物产、人口、政治，福安县茶叶产地及产额，茶叶栽培、制造、装潢、运销、捐税、洋商及茶栈、茶号等内容。并论及职中茶业科和改进方法，对福安县茶业发展提出具体措施。1935年8月，福建省教育厅接管福安县立初级茶业职业学校，改名为福建省立福安初级农业职业学校，张天福任校长。他坚持科研与教学相结合，大胆改进教学方式，不仅培养了大批茶叶专业人才，茶叶种植与制作技术也得到了改进。

1935年张天福在福安社口设立茶业改良场，致力于茶树栽培改良和茶叶制作技术提升。1939年，张天福主编《三年来福安茶业的改良》，详细介绍了福安茶业改良场创办经过和组织系统，说明了福安茶业改良场场地、建筑物、仪器设备、经费和人员构成，并总结了三年来茶叶栽培制造等方面的工作进展，最后讨论福建茶业的复兴计划。该书内容细致，附有大量表格和图画，如绘制有工场机械布置和萎凋室布置空间等图片。

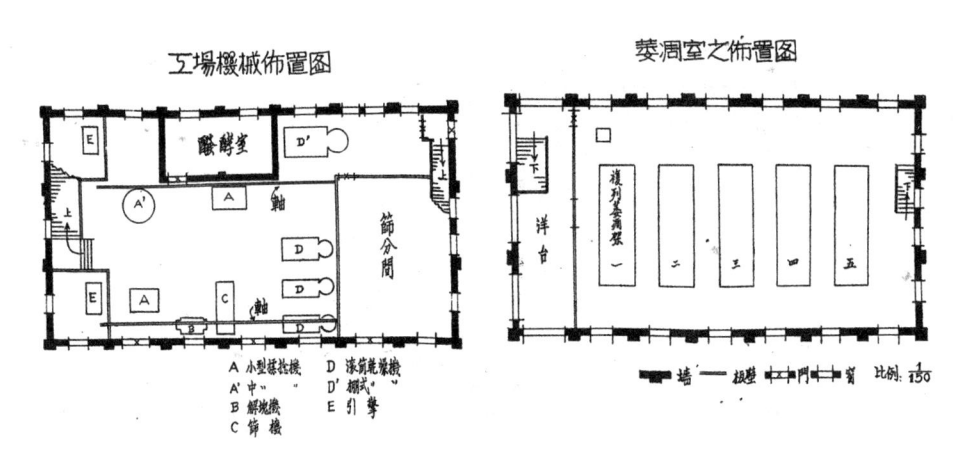

工场机械布置图和萎凋室之布置图（图源：张天福《三年来福安茶业的改良》，1939）

庄晚芳任福安茶业改良场技师，在此期间编撰了《茶树施肥试验》和《茶叶检验》。《茶树施肥试验》主要对茶树进行施肥试验记录，目的是检验不同施肥时间对茶树生育和茶叶品质的影响，而求一适当施肥时机。《茶叶检验》一书概论茶叶检验的意义、重要性以及我国茶叶检验简史，而后依次论述茶叶检验规程细则和标准、茶叶检验的先决问题，如茶叶制作和检验技术、茶叶检验之手续、用具和方法。同为改良场技师的庄灿彰，毕业于金陵大学，著有《安溪茶业调查》，对当时安溪茶业情况作了全面介绍，包括栽培环境、栽培历史、主要品种、栽培与管理方法、检验、品赏、贩卖等。书中于安溪茶品种及性状方面论述尤详，计有萧棋（筲绮）、红芽铁观音种、竹叶铁观音种、圆青种（圆醒种）、大红种、软枝乌龙种、白芽奇兰种、梅占、桃仁、苦茶种等28种，并附有标本照片以供参考。

庄晚芳《茶叶检验》（厦门大学图书馆藏）

1940年，张天福在崇安创办福建示范茶厂，并在福安、福鼎设分厂，在武夷山、星村、政和设立直属制茶所。陈椽任福建示范茶厂技师兼政和制茶厂主任。任职期间，陈椽对当时生产的工夫红茶、白毫银针、白牡丹等进行了技术测定，并撰写《政和白毛猴之采制及其分类商榷》等多篇论文和调研报告。彼时林馥泉任示范茶厂武夷直属制茶所主任，主持武夷茶栽培、制作、运销和文化等方面的工作，实地走访调查武夷山茶叶品种、名丛、单丛千种之多。所撰写的《武夷茶叶之生产制造及运销》，介绍了武夷岩茶历史、地理环境、茶名及产量、经营情况，以及武夷岩茶的栽培、采制、品评、销售等情况，体例完备，为后人研究武夷茶树品种资源提供了可靠基础资料。福建示范茶厂于1941年出版的《一年来的福建示范茶厂》，系统介绍了民国时期福建示范茶厂成立经过、组织系统，该茶厂的总务、技术、业务、会计、副业情况，分厂与制茶所的经营、业务情况。附录该厂大事记及章则。

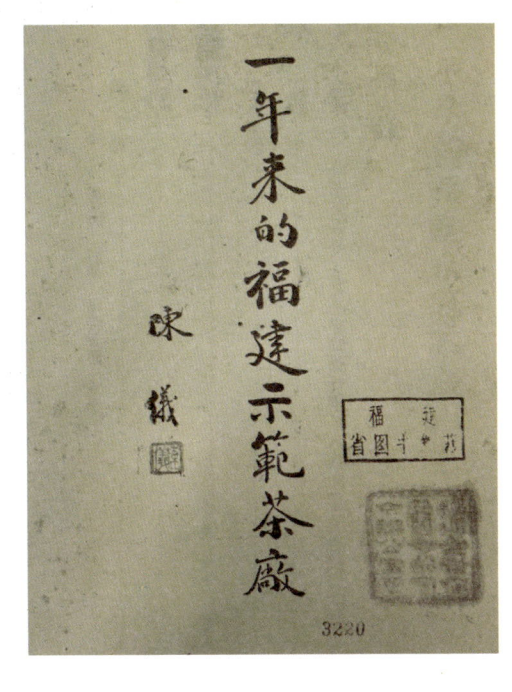

《一年来的福建示范茶厂》（福建省图书馆藏）

1942年，中央财政部贸易委员会接管福建示范茶厂，建立茶叶研究所。研究所主要推行茶树更新，重点对武夷茶岩土壤进行调查分析，提出相关改进管理建议，并创办了《武夷通讯》《茶叶研究》等茶叶刊物。吴觉农为所长，他带去一批专家、教授和茶叶技术人员。吴觉农撰写的《整理武夷茶区计划书》对振兴武夷茶提供了切实可行的方案。该书分析武夷茶区的自然环境、茶业的兴衰历史及其原因，并据此提出在茶园管理和茶业经营管理方面振兴武夷茶的方略，这些实施方略至今仍有其现实意义。王泽农《武夷茶岩土壤》、陈舜年等《武夷山的茶与风景》、廖存仁《武夷岩茶》等均为该时期的调查研究成果。

庄任于1941年底跟随吴觉农来到崇安，先后任茶叶研究所助理研究员、副研究员，负责制茶组工作。为发展福建省的特种茶，他积极

组织和参加有关白茶、花茶、乌龙茶等科学试验研究和组织各种专题研讨会。其写成的《论白茶初制工艺的理论与实践》一文论证了白茶是通过深层萎凋的轻发酵茶。花茶方面，他提出采用不同炒制工艺进行窨花试验，在实验中证实了不同炒制工艺作茶坯所制作的花茶品质各异，并改进窨制机械，改手工生产为机械化窨制，这些均促进了福建特种茶产制水平和产品质量的提高。

中央茶叶研究所创办的期刊《茶叶研究》
（刘宏飞／供图）

除以上区域性和机构性茶叶研究成果外，为促进闽茶复兴，唐永基、魏德端编写了福建茶业综合性资料《福建之茶》。全书分为上下两册，共14章，上册详细介绍了福建地区唐至民国时期茶叶简史、茶叶栽培、制造和运销等情况，下册介绍福建省茶叶市场、买卖、金融、输出、成本、价格、税捐、检验、管理与改进等情况，并于篇末附年度茶业管理概况、闽侯之花香茶。从中可以得见当时福建省政府为复兴闽茶所做出的努力。

自1934年福建实行全面茶业改良实践开始，在福建政府和众多茶学专家如吴觉农、庄晚芳、陈椽、张天福、庄任、林馥泉、廖存仁等的努力之下，福建茶业衰落境况有了一定改善。1935年闽茶产量为193915担，1936和1937年增至二十余万担。福建长期以来无大规模

1941年福建示范茶厂部分职工武夷山大王峰合影　张天福（右三）、林馥泉（右二）（图源：《茶界泰斗张天福画传》）

茶厂的现象也得到了改善，茶厂如雨后春笋般建立起来。胡浩川这样评价："中国茶业最进步的地方：不是出祁红屯绿的安徽，不是出平水珠茶遂淳眉茶的浙江，不是出宁红婺绿的江西，更不是出茶圣陆羽的湖北，出经纪海外贸易茶师最多的广东，却是茶业最后起的福建最进步！"

除了上述宋代、清代以及民国时期的作品，明代也有多部闽茶著作，其作者或生于福建，或莅官于福建，以徐𤊹《茗谭》、陈元辅《枕山楼茶略》以及喻政《茶书》为代表，在此稍作介绍。徐𤊹，字惟起，又字兴公，明福建闽县（治所在今福建省福州市）人，于万历四十一年（1613）写作《茗谭》，其中记述了有关茶的诗文、故事、茶与水的品第，重点谈论茶饮的清雅趣味。陈元辅，字昌其，万历十九年（1591）进士，为福建大儒，其所作《枕山楼茶略》主要辑录了钱椿年和顾元庆《茶谱》的部分内容，自序和一部分内容为作者自己撰写。该书记述了茶叶由种植、采摘、制作、贮藏，到辨水、取火、选器、冲泡等一系列流程。喻政，字正之，江西南昌人，出知福州府，升巡道。他编写的《茶书》一书，主要收录历代著名茶书，其中有多部北苑贡茶名作，如《茶录》《东溪试茶录》《宣和北苑贡茶录》《北苑别录》。

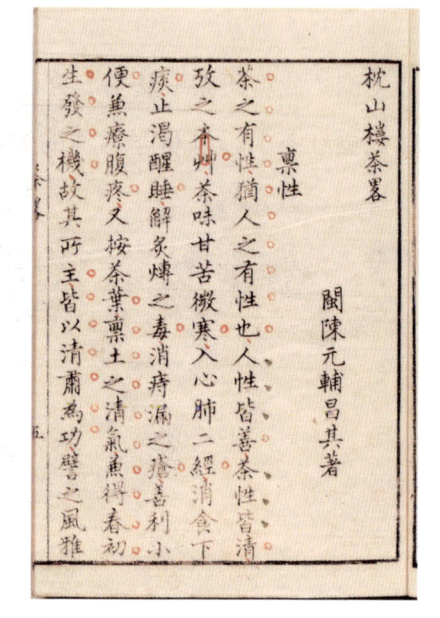

〔清〕陈元辅《枕山楼茶略》
（日本天保九年[1838]跋刊本）

四、当代闽茶书单

目前，福建茶产业蓬勃发展的同时，茶文化也呈现欣欣向荣的局面。纵览当代福建茶叶典籍，主要可以分为学术科普类、茶志类、茶文献整理类。

第一，学术科普类。中国福建茶叶公司《中国福建茶叶》，集陈斯福、庄任、林桂镗、陈金水、胡一秀、叶宝存、陈文岳、张天福等茶人导语，图文并茂，分福建茶事概述、福建茶叶史略、福建茶区分布与生产、福建茶类加工、福建茶叶贸易与茶文化、福建茶学人才培养与科研、茶叶与人体健康、福建茶叶品饮等内容，是了解福建茶文化的基础读物。福建省人民政府新闻办公室"八闽茶韵"丛书，包括《福建茶话》《武夷岩茶》《安溪铁观音》《永春佛手》《平和白芽奇兰》《漳平水仙》《福鼎白茶》《政和白茶》《正山小种》《坦洋工夫》《福州茉莉花茶》《天山绿茶》，以图文形式系统展示福建茶叶代表性品种的制作技艺、品鉴要领、典故传说与历史文化，较为全面地反映近年福建茶叶生产重质量、创新品、闯新路的新变化。张渤等主编"武夷研茶"丛书，分《武夷茶路》《武夷茶种》《武夷岩茶》《武夷红茶》，以科学易懂的笔触呈现了武夷茶文化、武夷山茶树种质资源、武夷岩茶与红茶基本面貌。福建省茶叶学会茶文化研究分会《漫话福建茶文化》、周玉璠等《闽茶概论》、郭莉《福建茶文化读本》、金稻《茶坐标：标杆千年福建茶》等著作，或重历史，或重产业，概览式地呈现了福建茶业各个角度。

此外，有的著作基于单个茶区单个茶类探讨，如乌龙茶方面，有张天福等《福建乌龙茶》、张水存《中国乌龙茶》、姚月明《武夷岩茶：姚月明论文集》、南强《武夷岩茶》、黄贤庚《武夷茶说》、黄贤庚、黄翊《岩茶手艺》、罗盛财《武夷茶名丛研究》、李远华《第一次品岩茶就上手》、刘勤晋《溪谷留香：武夷岩茶香从何来》、刘宝顺《中国十大茶叶区域公用品牌之武夷岩茶》、邵长泉《岩韵：武夷岩茶人文地理》、谢文哲《茶之原乡：铁观音风土考察》、林燕腾《漳州茶史略》、吴垠《茶源地理：武夷山》等；白茶方面，有袁弟顺《中国白茶》、叶乃兴《白茶科学·技术与市场》、张先清《绿雪芽：一部白茶的文化志》、危赛明《中国白茶史》等；花茶方面，有庄任《福建茉莉花茶》、刘馨秋《茉莉窨香》、闵庆文、张永勋《福建福州茉莉花与茶文化系统研究》等；理论与调查实践相结合、跨学科研究角度的著作，则有蔡清毅《闽台传统茶生产习俗与茶文化遗产资源调查》、阮蔚蕉《诗出有茗：福建茶诗品鉴》、肖坤冰《茶叶的流动：闽北山区的物质、空间与历史叙事（1644—1949）》、黄华青《茶村生计——一个福建茶村的空间与社会变迁》等；还有的从风土风味入手，观照其中文化底蕴，如杨多杰《吃茶趣：中国名茶录》、穆祥桐《穆茗而来：与穆老师品茶》、王恺《茶有真香：懂茶的开始》等。这些著作，

张天福《福建乌龙茶》　　　　庄任《福建茉莉花茶》(刘宏飞/供图)

有的以其他学科方法论切入研究福建茶，探查了茶与社会之间的多维关系；有的作者深度考察茶区，品鉴闽地茶品，潜心思考，写出了茶的鲜活样态与人文面貌。

第二，茶志类。将茶单一物产设志，是近些年福建茶文化梳理与总结的一项特色工作。1986年，姚月明主编《建茶志（闽北茶业志）》，梳理了茶叶源流、茶树品种、茶类、茶树栽培与管理、茶叶采制、茶叶机具、茶法和茶政、建茶贸易、机构与科教等情况。目前，福建各地市陆续完成了茶志的编纂工作，其中《福建茶志》共20章，涉及闽茶起源发展历史、古今茶区分布、茶树品种、茶树栽培管理、茶叶加工，等等，全面记述了福建茶文化、茶产业、茶科技的历史与现状，不仅展现福建的产业、文化特色，亦体现茶叶在福建的重要地位与作用。此外，还有《福州茶志》《南平茶志》《漳州茶志》《宁德茶志》《龙岩茶志》《三明茶志》《建瓯茶志》《尤溪茶志》《古田茶志》《武夷山茶志》等。

第三，茶文献整理类。福建省图书馆编写的《闽茶文献丛刊》收录了历代闽茶文献，共计 47 种，其中古籍 4 种，民国文献 29 种，新中国成立以来文献 14 种。此外，还有杨江帆、林畅《乌龙茶文献汇编》，叶国盛《武夷茶文献辑校》，刘宝顺、叶国盛校注"茶人丛书"系列，以及《安溪茶叶文献选编》等，以茶区、茶品、茶人等专题开展文献整理工作。除了专门对闽茶文献进行汇编的书籍外，还有全国性茶文献汇编资料亦涉及闽茶内容。例如吴觉农《中国地方志茶叶历史资料选辑》、陈祖椝、朱自振《中国茶叶历史资料选辑》、朱自振《中国茶叶历史资料续辑》中收录有关福建茶相关文献资料；朱自振、郑培凯所编《中国历代茶书汇编校注本》中收录有《茶录》《北苑别录》《宣和北苑贡茶录》《续茶经》等历代有关建茶之茶叶典籍；康健《近代茶文献汇编》系统整理收录近代茶叶研究著作、调查报告、海关报告、专题报刊、茶商家书等茶文献近 200 种，所收录的福建茶文献颇为丰富。

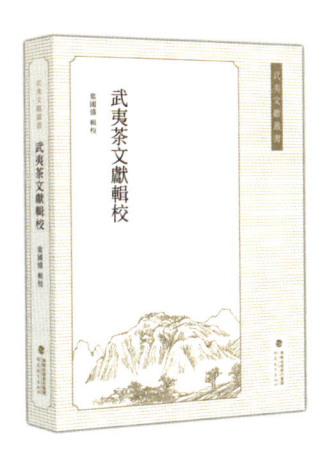

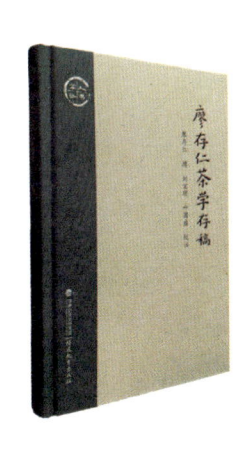

叶国盛《武夷茶文献辑校》　　"茶人丛书"之《廖存仁茶学存稿》《武夷茶叶之生产制造及运销》

第八讲　福建茶文学

中国是诗的国度，又是茶的故乡，茶文学从诗开始。茶文学，歌咏茶之色香味，其通仙灵、两腋清风生之妙境，以及茶所折射的人生况味，丰富了中国文学之境界。福建茶文学，目前所见最早的作品是创作于唐元和八年（813）的《芳茗原》，作者为裴次元，诗云："族茂满东原，敷荣看膴膴。采撷得菁英，芬馨涤烦暑。何用访蒙山，岂劳游顾渚。"反映当时福州城茶业之盛景。后其创作，兴盛于宋，元明清相继发展，至今方兴未艾。

一、酬唱龙团凤饼

有宋一代，蒸青绿茶是当时茶叶的主流品类。建州北苑茶则是其中代表，极品迭出，名扬天下。因造茶时所用棬模多刻有龙凤图案，亦有龙团凤饼之称。

龙凤茶，"采择之精，制作之工，品第之胜，烹点之妙"，都已登峰造极。制作工艺繁复，分拣茶、蒸茶、榨茶、研茶、造茶、过黄等步骤。其中，研茶即研磨茶叶，"以柯为杵，以瓦为盆"。研茶过程则需要加水，并根据茶的等级决定加水的多少。加水研茶，以每注水研茶至水干为一水，部分高级的茶甚至需要"十二水""十六水"，

北苑贡茶——太平嘉瑞　　　　　　北苑贡茶——大凤

可见研茶工序极其耗时，且繁琐。造茶，类似《茶经》中的拍茶，即入模具造型。"太平兴国初，特制龙凤模，遣使即北苑造团茶，以别庶饮。"造茶的工具有圈有模，圈规制了整体形状，而模是印制茶饼表面纹饰的工具。《宣和北苑贡茶录》一书，熊克补入贡茶棬模图式 38 款，2 款为凤纹，25 款为龙纹。所造贡茶，精品迭出，有贡新銙、龙团胜雪、上林第一、玉华、瑞云翔龙、小龙、大龙、小凤、大凤等品色，大都饰以龙纹、凤纹，形状有方形、圆形、花形、六边形、玉圭形等。苏轼《月兔茶》有"上有双衔绶带双飞鸾"一句，即是"大凤"的形制。

茶品之等级，据产茶区域就有明显的分野，"去亩步之间，别移其性"，有香味精粗的异同。就建州茶而言，蔡襄《北苑十咏》"灵泉出地清，嘉卉得天味""夜雨作春力，朝云护日华"诸句，以及赵佶《大观茶论》中言及正焙和外焙之分，与今之茶叶地理所言一脉相承，涉及气候、光照、土壤、水文、植被等诸多方面。宋人对茶品的认识，相较于前代，达到了新的高度，进一步确立了名茶、好茶的高标准站位。蔡襄《茶录》云"茶有真香""茶味主于甘滑"，赵佶亦说"夫茶以味为上。甘香重滑，为味之全"。这些评价，求真求正，确立了名优茶的评价标准，影响了后世评茶之法则。

关于龙凤茶的珍贵，欧阳修曾说"茶之品莫贵于龙凤，谓之团茶。凡八饼重一斤。庆历中，蔡君谟为福建路转运使，始造小片龙茶以进，其品绝精，谓之小团，凡二十饼重一斤，其价直金二两。然金可有，而茶不可得。每因南郊致斋，中书枢密院各赐一饼，四人分之，宫人往往缕金花于其上，盖其贵重如此。"丁谓、蔡襄钻研贡茶的造办，从选料、制作技艺方面入手，使茶叶愈加精致。

（一）范仲淹的《斗茶歌》

彼时文人莫不以品尝到龙凤茶为乐事，他们对龙凤茶的品饮之事、喜爱之情，也进入了文学作品中。缪钺《论宋诗》："凡唐人以为不能入诗或不宜入诗之材料，宋人皆写入诗中，且往往喜于琐事微物逞其才技。如苏黄多咏墨、咏纸、咏砚、咏茶、咏画扇、咏饮食之诗，而一咏茶小诗，可以和韵四五次。"宋诗咏物之视野开阔，而随着茶业的兴盛，文人于茶一端更不吝笔墨。

最先要介绍的是范仲淹《和章岷从事斗茶歌》：

年年春自东南来，建溪先暖冰微开。溪边奇茗冠天下，武夷仙人从古栽。新雷昨夜发何处，家家嬉笑穿云去。露牙错落一番荣，缀玉含珠散嘉树。终朝采撷未盈襜，唯求精粹不敢贪。研膏焙乳有雅制，方中圭兮圆中蟾。北苑将期献天子，林下雄豪先斗美。鼎磨云外首山铜，瓶携江上中泠水。黄金碾畔绿尘飞，紫玉瓯心雪涛起。斗茶味兮轻醍醐，斗茶香兮薄兰芷。其间品第胡能欺，十目视而十手指。胜若登仙不可攀，输同降将无穷耻。于嗟天产石上英，论功不愧阶前蓂。众人之浊我可清，千日之醉我可醒。屈原试与招魂魄，刘伶却得闻雷霆。卢仝敢不歌，陆羽须作经。森然万象中，焉知无茶星。商山丈人休茹芝，首阳先生休采薇。长安酒价减千万，成都药市无光辉。不如仙山一啜好，泠然便欲乘风飞。君莫羡花间女郎只斗草，赢得珠玑满斗归。

章岷，宋建州浦城人，字伯镇，曾任推官、从事，与范仲淹多有诗歌唱和。如章岷写《陪范公登承天寺竹阁》，范仲淹以《和章岷推官同登承天寺竹阁》和之。又作《斗茶歌》，范仲淹和之，于是有了这首《和章岷从事斗茶歌》，惜章岷《斗茶歌》未见流传。范仲淹生动地描绘了宋代斗茶的场景，例如斗茶在公平公正的情况下举行，也极具竞争性；另外以丰富的典故赞扬茶的功能，以佐证茶之重要性。文辞精彩，但描写也有误解之处，例如关于斗茶的茶色，南宋后期陈鹄所撰《耆旧续闻》对此指出："范文正公茶诗云：'黄金碾畔绿尘飞，碧玉瓯中翠涛起。'蔡君谟谓公曰：今茶绝品者甚白，翠绿乃下者尔，欲改为'玉尘飞''素涛起'。"可见范仲淹对建安斗茶之事并不甚了解。今诸本皆作"黄金碾畔绿尘飞，紫玉瓯心雪涛起"，可见范仲淹后来也斟酌了字词，作了相关改动。

（二）由来真物有真赏

宋嘉祐三年（1058），时任建安太守的蔡襄将上供给宫廷的龙团茶分寄给了欧阳修，欧阳修与梅尧臣等茶友一起品鉴。在这次茶会中，欧阳修与梅尧臣往复酬唱，欧阳修创作了《尝新茶呈圣俞》，梅尧臣相和以《次韵和永叔尝新茶杂言》，欧阳修以《次韵再作》再和，梅尧臣又以《次韵和再拜》和之。这些唱和诗涉及龙团茶的生长、采制、烹点、色香味品质特征等各个方面。《尝新茶呈圣俞》诗云：

镇江北宋章岷墓出土文物（图源：镇江市博物馆《镇江市南郊北宋章岷墓》）

建安三千里，京师三月尝新茶。人情好先务取胜，百物贵早相矜夸。年穷腊尽春欲动，蛰雷未起驱龙蛇。夜闻击鼓满山谷，千人助叫声喊呀。万木寒痴睡不醒，惟有此树先萌芽。乃知此为最灵物，疑其独得天地之英华。终朝采摘不盈掬，通犀銙小圆复窊。鄙哉谷雨枪与旗，多不足贵如刈麻。建安太守急寄我，香蒻包裹封题斜。泉甘器洁天色好，坐中拣择客亦嘉。新香嫩色如始造，不似来远从天涯。停匙侧盏试水路，拭目向空看乳花。可怜俗夫把金锭，猛火炙背如虾蟆。由来真物有真赏，坐逢诗老频咨嗟。须臾共起索酒饮，何异奏雅终淫哇。

梅尧臣《次韵和永叔尝新茶杂言》：

自从陆羽生人间，人间相学事春茶。当时采摘未甚盛，或有高士烧竹煮泉为世夸。入山乘露掇嫩嘴，林下不畏虎与蛇。近年建安所出胜，天下贵贱求呀呀。东溪北苑供御余，王家叶家长白芽。造成小饼若带銙，斗浮斗色倾夷华。味久回甘竟日在，不比苦硬令舌窊。此等莫与北俗道，只解白土和脂麻。欧阳翰林最别识，品第高下无欹斜。晴明开轩碾雪末，众客共赏皆称嘉。建安太守置书角，青蒻包封来海涯。清明才过已到此，正见洛阳人寄花。兔毛紫盏自相称，清泉不必求虾蟆。石瓶煎汤银梗打，粟粒铺面人惊嗟。诗肠久饥不禁力，一啜入腹鸣咿哇。

新茶贵早，惊蛰时有喊山之俗，欲使茶树快快发芽，以便及早采摘制作，上贡朝廷。蔡襄将制作好的茶叶精心包装，并寄与欧阳修。于是也有了这场茶会，恰"泉甘器洁天色好，坐中拣择客亦嘉"，茶品亦新鲜香嫩，烹点时，"停匙侧盏试水路，拭目向空看乳花。"匙，即茶匙,击拂茶汤,渐起茶沫,如雪白的乳花。与这句对应的,梅尧臣如此描述:"石瓶煎汤银梗打,粟粒铺面人惊嗟。"银梗,即银制的茶匙。粟粒,亦比喻茶沫,细小的沫饽如粟米。宋茶讲求真香真味,故言"由来真物有真赏",引得梅尧臣频频赞叹,也要作诗一首。

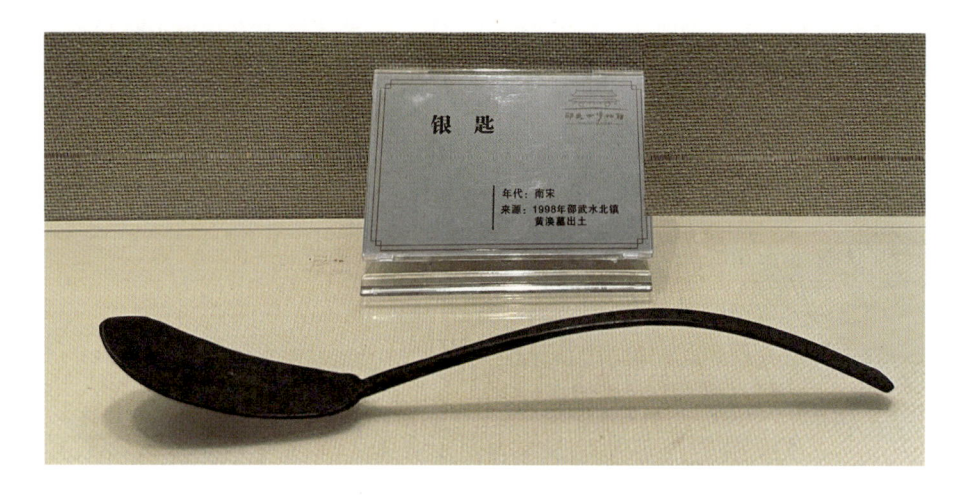

银匙(南宋黄涣墓出土 邵武市博物馆藏)

(三)茶诗有味

宋代大文豪苏轼嗜茶,亲身种茶,饮茶为乐,也常收到友人寄来的各色新茶,创作了系列茶诗词作品,更以茶拟人生况味,例如《种茶》一诗,"能忘流转苦,戢戢出鸟味",移栽的茶经过精心养护后,重新焕发生命感。"流转苦",表面上说的是茶树的移植经历,实则暗指他的贬谪生涯。他多在南方任官,交游广泛,对茶的涉猎颇丰。他对建州的茶也不陌生,作有《次韵曹辅寄壑源试焙新茶》《和钱安道寄惠建茶》《和蒋夔寄茶》《怡然以垂云新茶见饷报以大龙团仍戏作小诗》《寄周安孺茶》《惠山谒钱道人烹小龙团登绝顶望太湖》《新茶送签判程朝奉以馈其母有诗相谢次韵答之》《赠包安静先生茶二首》等佳篇。《和钱安道寄惠建茶》一诗云:

我官于南今几时，尝尽溪茶与山茗。胸中似记故人面，口不能言心自省。为君细说我未暇，试评其略差可听。建溪所产虽不同，一一天与君子性。森然可爱不可慢，骨清肉腻和且正。雪花雨脚何足道，啜过始知真味永。纵复苦硬终可录，汲黯少戆宽饶猛。草茶无赖空有名，高者妖邪次顽懭。体轻虽复强浮泛，性滞偏工呕酸冷。其间绝品岂不佳，张禹纵贤非骨鲠。葵花玉銙不易致，道路幽险隔云岭。谁知使者来自西，开缄磊落收百饼。嗅香嚼味本非别，透纸自觉光炯炯。粃糠团凤友小龙，奴隶日注臣双井。收藏爱惜待佳客，不敢包裹钻权幸。此诗有味君勿传，空使时人怒生瘿。

钱安道，即钱颢，宋常州无锡人，字安道。庆历六年（1046）进士。知赣、乌程二县，皆以治行闻。治平末，为殿中侍御史。越二年贬监衢州税，临行于众中责同列孙昌龄媚事王安石。后徙秀州。苏轼遗以诗，有"乌府先生铁作肝，霜风卷地不知寒"之句，世因目之为"铁肝御史"。《和钱安道寄惠建茶》一诗赞美建溪茶，有影射现实之意，自然也与钱安道的遭遇有关。诗中用几个历史人物的不同性格来比喻不同的茶性，汲黯、盖宽饶，为汉时名臣，刚直不阿，以此类比有君子性的建茶。又把草茶比作世之小人："草茶无赖空有名，高者妖邪次顽懭。"末句言"此诗有味君勿传"，不止茶味，更有"人味"，意蕴深刻。清人纪昀评云："将人比物，脱尽用事之痕，开后人多少法门。"苏轼品茗作诗，时时不忘以物明志，信守文人典范。

后来朱熹以茶喻理，进一步开拓了茶深邃的一面。他对建茶和江茶做过比较：建茶如"中庸之为德"，江茶如伯夷、叔齐。又说："《南轩集》云：'草茶如草泽高人，蜡茶如台阁胜士。'似他之说，则俗了建茶，却不如适间之说两全也。"他认为品饮武夷茶，可以体悟中

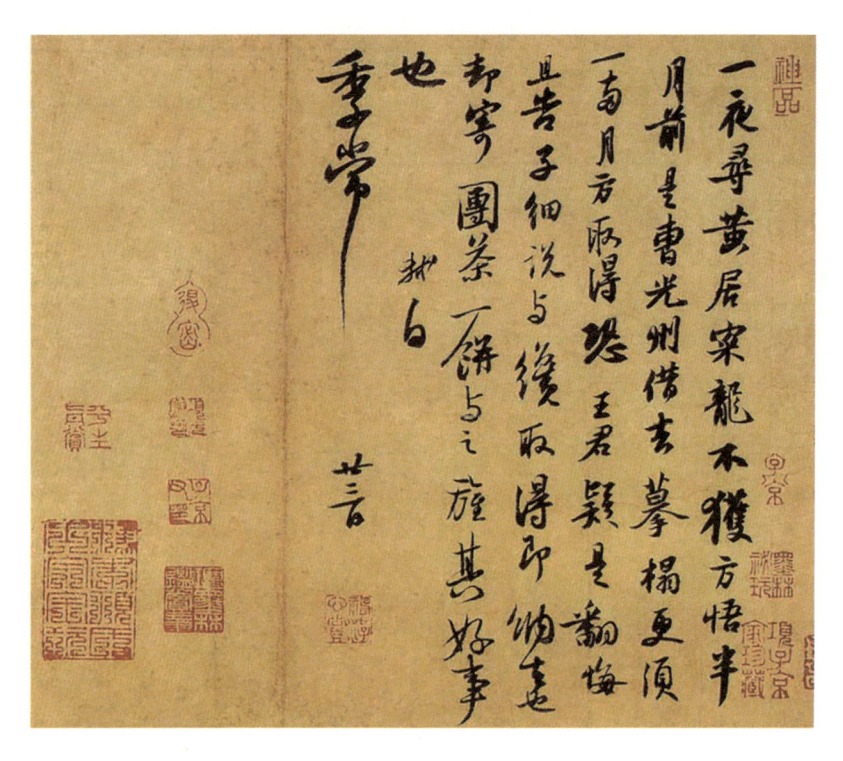

〔宋〕苏轼《致季常尺牍》（台北故宫博物院藏）

庸之德，以茶雅志、行道，作君子仁人。《朱子语类·杂说》："'物之甘者，吃过必酸；苦者，吃过却甘。茶本苦物，吃过却甘。'问：'此理如何？'曰：'也是一个道理。如始于忧勤，终于逸乐，理而后和。盖礼本天下之至严，行之各得其分，则至和。'"朱熹认为茶与理学互通，指出了茶先苦后甘的特征，延伸到求学之道，应勤于学习，乐于探索，先苦后甜，才能达到"理而后和"的境界。茶是苦和甜的统一体，体现了中和之理，融合了儒家理学文化的精髓。

还有一首唱和诗，则饱含着一个人的孝心，即苏轼《新茶送签判程朝奉以馈其母有诗相谢次韵答之》，诗曰："缝衣付与溧阳尉，舍肉怀归颍谷封。闻道平反供一笑，会须难老待千钟。火前试焙分新胯，雪里头纲辍赐龙。从此升堂是兄弟，一瓯林下记相逢。"程朝奉，名遵彦，字之邵，举进士，为杭州节度判官。文学、吏事，皆有可观，事母至孝。在苏轼幕府二年，替还，有诗送赴阙，苏轼再入翰林，荐之于朝，擢宗正丞，后使广西，入为祠部郎，提点两浙刑狱。一次，苏轼将来自建州的头纲茶赠与程遵彦，他转而将茶拿给他母亲享用。苏轼特别感动，肯定他的人品，在诗中，他用孟郊、颍考叔的典故来类比，并说道："从此升堂是兄弟，一瓯林下记相逢。"

这些唱和诗反映了宋代文人的饮茶生活，也丰富了龙凤团茶的历史书写。也正因为有了文学层面的表达，使得宋代茶书里的茶品有了作为礼物的流通细节以及作为饮品的生活化场景。例如，一款名为密云龙者，是宋元丰年间的贡茶之品，因云纹细密而得名。王十朋、苏颂、吕陶、黄庭坚、黄裳、邹浩等人都写过关于密云龙的诗歌。而黄庭坚与黄裳的唱和之作，即《博士王扬休碾密云龙同事十三人饮之戏作》与《次鲁直烹密云龙之韵》，呈现了一场十三人共品密云龙的茶会，"相对幽亭致清话，十三同事皆诗翁"。

二、风土的吟咏：竹枝词中的武夷茶

竹枝词，是我国古代很具地方特色、乡土风味浓郁、情韵悠长的诗歌体裁，志土风而详习尚，以吟咏风土为主要特色。它常于状摹世态民情中，洋溢鲜活的文化个性和浓厚的乡土气息。它是社会史料和文化史料的宝库，具有历史学、方志学、民俗学的意义。武夷山是文人荟萃之地，文人为当地风土创作竹枝词，对武夷茶也多有吟咏。明清时期，周亮工、徐燉、朱彝尊、查慎行、蒋蘅、许赓皞等人创作的竹枝词，可观照武夷茶的种植、采制以及品饮等史实。

（一）溪边岩壑的奇茗

得益于良好的生态环境以及茶农的精耕细作，武夷山茶树种质资源丰富，植茶史悠久。宋代理学家朱熹《春谷》诗："武夷高处是蓬莱，采得灵根手自栽。地僻芳菲镇长在，谷寒蜂蝶未全来。"武夷山素有碧水丹山之境，山水之间，地势奇特，云雾氤氲，茶孕其中，朱熹之诗所述即是。徐𤊹、朱彝尊的竹枝词呈现了更为细致的地理风貌。具体山场地理的描述，是他们游历的印迹。徐𤊹《武夷采茶词》："荒榛宿莽带云锄，岩后岩前选奥区。无力种田来莳茗，宦家何事亦征租。山势高低地不齐，开园须择带沙泥。要知风味何方美？陷石堂前鼓子西。"奥区，深处、腹地之意。鼓子，指的是武夷山的鼓子峰，又称并莲峰。武夷山素有"岩岩有茶，非岩不茶"之说，附山为岩，沿溪为洲。更有山北山南之异，以山北为上。诗中的鼓子峰地处山北，其茶品佳。以下两首竹枝词也阐述了类似的内容。一首是清代朱彝尊《御茶园歌》："云窝竹窠擅绝品，其居大抵皆岩嶅。兹园卑下乃在隰，安得奇茗生周遭。"嶅，

朱彝尊笔下的竹窠（张秀琴/摄）

山多小石貌。另一首为《武夷茶歌》："凡茶之产准地利，溪北地厚溪南次。平洲浅渚土膏轻，幽谷高崖烟雨腻。"九曲溪北的土壤优于溪南一带，洲地的土壤较为贫瘠。正岩地区谷深崖高，形成微域气候，云雾多，雨水足，是言"地利"之情。二首竹枝词中出现的云窝、竹窠、鼓子峰、溪北，皆为武夷茶的核心产区，所出产的茶品质优异。

竹枝词还记载了武夷山丰富的茶树种质资源。武夷山的古濮人将这里变成茶树种质资源衍生地，并培育出许多良种并繁殖至今，使其成为中华大地第二大茶树种质资源基因库。清代蒋叔南《武夷山游记》曾介绍了武夷茶之名目：

> 天心岩之大红袍、金锁匙，天游岩之大红袍、人参果、吊金龟、下水龟、毛猴、柳条，马头岩之白牡丹、石菊、铁罗汉、苦瓜霜，慧苑岩之品石、金鸡伴凤凰、狮舌，磊石岩之乌珠、璧石，止止庵之白鸡冠，蟠龙岩之玉桂、一枝香，皆极名贵。此外，有金观音、半天摇、不知春、夜来香、拉天吊，等等，名目诡异，统计全山，将达千种。

民国时期，林馥泉著《武夷茶叶之生产制造及运销》，调查武夷茶品种，仅慧苑一处即达830种以上。前人对名丛的发展过程如是总结道："至其名称之见于载籍者，以唐之蜡面为最古，宋以后花样翻新，嘉名鹊起，然揭其要，不外时、地、形、色、气、味六者。如先春、雨前，乃以时名；半天天、不见天，乃以地名；粟粒、柳条，乃以形名；白鸡冠、大红袍，乃以色名；白瑞香、素心兰，乃以气名；肉桂、木瓜，乃以味名。"在更早的竹枝词中，亦有相关记载，清代许赓皞《武夷茶歌》："梅花香里逢开士，雪满空山饷木瓜。砖炉石铫斗清新，肉桂红梅品最真。欲识人间辟支果,更教一饮不知春。"指出了木瓜、肉桂、红梅、不知春等品种。蒋蘅《武夷茶歌》:"奇种天然真味存,木瓜微醙桂微辛。"描述了奇种、木瓜、肉桂的香气、滋味特征,诗人以小注的形式阐述了它们的产地和状貌:"名种之奇者,红梅、素心兰及木瓜、肉桂。红梅近已枯,素心兰在天游,其真者予未得尝。肉桂在慧苑,木瓜植弥陀大殿前,其本甚古,枝干卷屈,类数百年物。"这些诗人如博物学家,以"风土物种"入诗,诗之外加以注解,是相关风土知识的细化与延伸,提示了更多的具体信息。从另外一个角度说,也正是因为他们的关注,方建构了彼时武夷茶的谱系。

(二)采制武夷有工夫

武夷茶采摘限于地理环境的影响,如高崖、坑涧,路途遥远坎坷,采茶难度大。朱熹《云谷二十六咏》之一的《茶坂》:"携籯北岭西,采撷供茗饮。一啜夜窗寒,跏趺谢衾枕。"朱子写到了采茶的地理环境,但似乎更关注饮茶的滋味,诗情直引深夜啜茶的悠然。丁耀亢与阮旻锡的《武夷茶歌》、查慎行与徐燉的《武夷采茶词》等作品,是作者深入茶区的"调查报告",为当时茶事的在地呈现:

丁耀亢(1599—1669),明末清初山东诸城人,字西生,号野鹤。顺治间由贡生官惠安知县。能诗,晚游京师,与王铎等人相唱和。有《武夷茶歌》一首:

> 茶味生于水,茶质产于石。水石具清芬,厚薄有资始。我读陆羽经,武夷未入格。疑在方域外,未遇品茗客。我游接笋峰,产茶称第一。龙井与虎丘,未可与之匹。而况天池薄,松萝亦非敌。道人言采法,炒青与秋白。其味清且旨,其色淡而碧。价贵北源上,一饮濯尘魄。雨前名炒青,男女争采摘。火炒而炉烘,熏焙功屡易。

次者号秋白，白露前始摘。兹茶较春贵，芽抽损其百。下为大片茶，汀漳颇狼籍。味红价亦廉，闽人用不惜。遂因所取法，二用以品质。安知中下者，与上不相借。下者近六安，中拟洞岕液。收久味愈长，再溉味转益。愿收接笋春，仙气入关扃。

诗人认为武夷山接笋峰的茶超乎龙井、虎丘、天池、松萝诸茶，在于武夷山"水石具清芬"，使得茶味与茶质的厚薄都有扎实的基础。接着介绍了雨前与秋白二种茶的制作，以采制的季节不同区分其茶叶品类。秋白茶，是剥其茶芽而成，余下的则为大片茶，似六安茶，即下文要提及的释超全《武夷茶歌》中的"漳芽漳片标名异"，价格低廉。总的说来，诗人最喜爱的还是接笋峰的茶。

施世纶（1659—1722），字文贤，一字南堂，号浔江，又号静斋，清福建晋江人，居官政绩显著，清名远播，曾被康熙皇帝表彰为"天

武夷茶区采茶场景

下第一清官",小说《施公案》即写此人,他写过一首《武夷茶歌为叶淡远赋》:

> 闽山诸山武夷胜,帝毓奥区莫与并。金堂玉室遍此中,灵木琪花固其剩。至今存者架壑舟,谁其叙之千仞头。吾意蓬莱失左股,造化割此盘中州。中州居民为乐土,雾蔚霞蒸业茶圃。大王峰顶扶紫茸,玉女镜前摘露乳。阴崖阳岭气候分,接笋入天采风雨。流香洞质殊可人,宋树月岩尔还愈。爰有白毫品最佳,碧霄一种冠他谱。梅花标格亦无嫌,金鼎石麟微去取。我闻岩洞名较奢,上洞精奇中洞嘉。下即洲茶虽琐琐,犹当十倍顾渚芽。法家制作各异造,近传山僧语渊好。连拳鹰嘴出釜锜,激浊扬清非草草。建阳大贾每经营,五月新茶到桐城。桐城有客叶淡远,识妙鉴真久知名。居闲别尽山水性,物义必然归至精。鹤窗丈室困懒拙,小杓分江对我烹。砖炉活火缥烟霭,石铫翻涛急雨声。瀹兰试水入三昧,吸月奔川输杳冥。当轩不独破睡耳,直灌玲珑阁楼里。文园渴疾此时消,杜陵肺病此时已。百节清虚体自轻,何须饮露吸石髓。君不见卢仝腋下咏风生,又不见陆羽山中著《茶经》。温香色味吾无间,三十六峰君细评。

武夷茶采自不同的山场,大王峰、玉女峰、接笋峰、流香洞、月岩、碧霄洞等,品类也多样,其中的区别不仅是因为山场地理环境的不同,例如有阳崖阴岭、幽谷高崖等,也存在制茶群体的茶叶加工手法不同,故而说:"法家制作各异造,近传山僧语渊好。"入锅炒制茶叶,也绝非草草之事。诗中有一主人公,名为叶淡远,桐城即泉州,对茶叶鉴评精熟。他尤为自得于烹茶,解渴,涤烦,轻身,清神,品味武夷三十六峰的各色茶品。

第八讲　福建茶文学

武夷山正岩茶区俯瞰（阮克荣／摄）

清人查慎行好游历，常以诗记事。1715年，他重游闽北作《武夷精舍》《崇安梅容山明府贻武夷山志》《朝发小浆村暮抵紫溪途中口号四首》《建溪棹歌词十二章》《武夷采茶词》等诗作。其中，《武夷采茶词》曰：

荔枝花落别南乡，龙眼花开过建阳。行近澜沧东渡口，满山晴日焙茶香。

时节初过谷雨天，家家小灶起新烟。山中一月闲人少，不种沙田种石田。

绝品从来不在多，阴崖毕竟胜阳坡。黄冠问我重来意，挂杖寻僧到竹窠。

手挈都篮漫自夸，曾蒙八饼赐天家。酒狂去后诗名在，留与山人唱采茶。

查慎行《武夷采茶词》手稿

是词概括性地讲述了武夷茶的种植与采制。"澜沧东渡口"的"澜沧"亦名兰汤渡,位于武夷山一曲三姑石下。龙眼开花时,谷雨时节正是采制武夷茶的时间,家家开焙茶叶。武夷茶人"不种沙田种石田",说的是山中多岩石,并视阴面的崖谷为最佳植茶地。在山中幽径上,诗人遇见一道人,问及他为何再次入山,原来是想要喝上来自竹窠的茶。而明代徐𤊹的《武夷采茶词》则涵括了武夷茶的种植、采制以及烹饮等内容:

万壑轻雷乍发声,山中风景近清明。
筠笼竹筥相携去,乱采云芽趁雨晴。
竹火风炉煮石铛,瓦瓶磔碗注寒浆。
啜来习习凉风起,不数松萝顾渚香。

阮旻锡曾在武夷山写有《武夷茶歌》,其中有诗云:

凡茶之候视天时,最喜天晴北风吹。苦遭阴雨风南来,色香顿减淡无味。近时制法重清漳,漳芽漳片标名异。如梅斯馥兰斯馨,大抵焙时候香气。鼎中笼上炉火温,心闲手敏工夫细。岩阿宋树无多丛,雀舌吐红霜叶醉。

武夷茶采摘,晴天最佳,与它的制作方法联系紧密。晒青工艺,需要适当的日光。若遇到阴雨天气,直接影响成茶的品质,其色香味减弱。至今武夷岩茶制作仍有"看天做青,看青做青"之口诀。"武夷焙法,实甲天下",竹枝词中的"鼎中笼上炉火温,心闲手敏工夫细",描述了焙茶的精妙。

此外,竹枝词还记录了武夷茶的流通与品饮,在清代魏荔彤《闽漳竹枝词》中有厦门武夷茶销售的情景："夹板舡高泊鹭岛,到时先买武彝茶。"翁时农《榕城茶市歌》则写道："建溪之水流延津,武夷九曲山嶙峋。奔赴灵气钟吾闽,奇种遂为天下珍。"武夷茶沿着建溪转运至福州南台贸易,类似的情景,又见衷干《茶市杂咏》:"雨前雨后到南台,厦广潮汕一道开。此去武夷无别物,满船春色蔽江来。"王步蟾《鹭门杂咏六十首》,描述近代厦门风土人情、岁时风俗等。其中有工夫茶的内容:"工夫茶转费工夫,啜茗真疑嗜好殊。犹自沾沾夸器具,若深杯配孟公壶。"工夫,本为武夷茶的一种,后形成一门饮茶之道,"闽中品茶,壶盏甚小,名为工夫茶"(魏荔彤《闽漳竹枝词》自注)。查奕照的《福州竹枝词》,其中一首也写到了工夫茶"团龙小凤斗旗枪,细煮工夫一盏盛。当画尽眠侵夜起,金钱花底卜三更"。下有自注文:"闽人手烹新茗以待贵客,谓之工夫茶。杯仅一勺,不能多也。"

三、文人诗歌与闽茶谱系

福建茶品众多,以茶学家陈橼教授六大茶类分法看,就有乌龙茶、红茶、白茶、绿茶等,还包括再加工茶类如茉莉花茶。文人诗歌折射时人的饮茶生活,描述了武夷茶、清源茶、鼓山茶等茶品之色香味,从中可一览福建的名茶谱系。

(一)文人私房茶单

明清时期,各地名茶众多,翻开彼时文人的诗文集,常能整理出一份细致的茶单。清代文人高士奇在他的《归田集》中记饮茶生活,有《清明前尝龙井新茶》《病后品茶各与一诗》《韩慕庐学士寄秋岕》等诗,据此可列出他的茶单:龙井茶、岕茶、紫云茶、北苑茶、径山凌霄峰茶、闵茶、武夷茶、日铸茶、六安茶、花源茶等。其中,《武夷茶》一诗，是这样写的："九曲溪山绕翠烟，斗茶天气倍暄妍。擎来各样银瓶小，香夺玫瑰晓露鲜。"有小注进一步阐述诗中之意："闽俗作小瓶贮武夷茶，方圆异式。茶香似玫瑰花。"

再翻阅揆叙的《益戒堂诗集》，则有龙井茶、蒙山茶、女儿茶、武夷茶等。歙县人汪士慎也品尝到了不少好茶，有武夷三味、武夷山郑宅茶、龙井山新茶、桑茗、松萝山茗、霍山新茗、顾渚新茶、阳羡秋茶、云台山茗、小白华山茗、雁山芽茶、天目山茶、庙后秋茶、泾县茶、宁都岕茶、普洱蕊茶、蜀茶等。所涉及的茶品，来自不同地方，如霍山与雁山；也有不同的季节，如有新茶与秋茶，可以说是国内名茶的汇集。

袁枚《随园食单》有"茶酒单"一目。茶，则列举了武夷茶、龙井茶、常州阳羡茶、洞庭君山茶等，篇首言："七碗生风，一杯忘世，非饮用六清不可，作茶酒单。"又对武夷茶偏爱有加，"尝尽天下之茶，以武夷山顶所生、冲开白色者为第一"。实际上，他对武夷茶还有一段认识的过程，从如饮药的样子到意犹未尽：

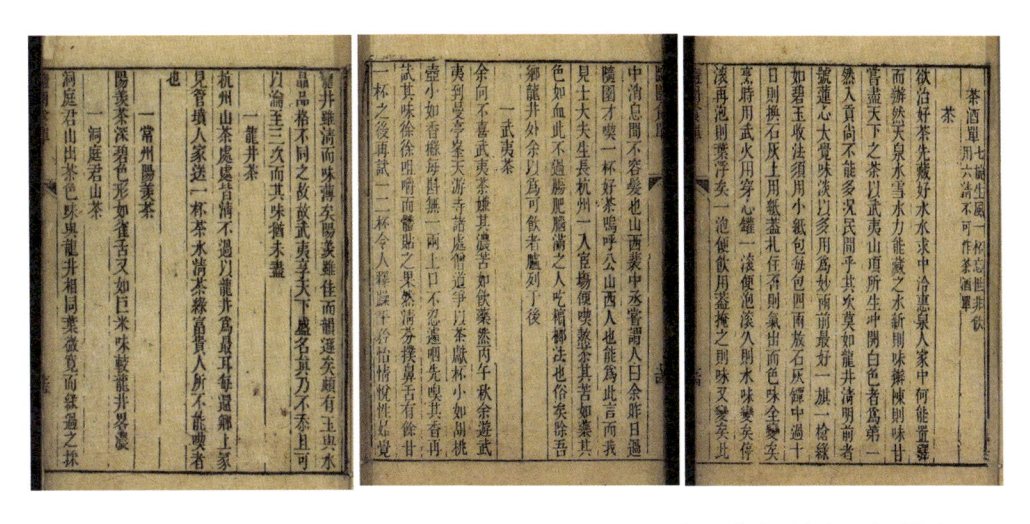

袁枚茶单（《随园食单》）

> 余向不喜武夷茶，嫌其浓苦如饮药然。丙午秋，余游武夷到曼亭峰、天游寺诸处，僧道争以茶献。杯小如胡桃，壶小如香橼，每斟无一两。上口不忍遽咽，先嗅其香，再试其味，徐徐咀嚼而体贴之，果然清芬扑鼻，舌有余甘。一杯之后，再试一二杯，令人释躁平矜，怡情悦性。始觉龙井虽清而味薄矣，阳羡虽佳而韵逊矣，颇有玉与水晶品格不同之故，故武夷享天下盛名，真乃不忝。且可以瀹至三次，而其味犹未尽。

袁枚将武夷茶与龙井茶、阳羡茶对比，总结了不同茶的色香味特征。他还有《试茶》一诗，描绘了当时在福建地区流行的工夫茶法，以小壶小杯，细啜茶汤如小鸟饮水。"幔亭有僧称作家，立意不摘三春芽"，茶叶采摘时间推后以至于成熟度提高，且以半发酵技艺制作，茶香茶味更为馥郁悠长，故而有味外之味。诗云：

> 闽人种茶当种田，邻车而载盈万千。我来竟入茶世界，意颇狎视心遨然。道人作色夸茶好，磁壶袖出弹丸小。一杯啜尽一杯添，笑杀饮人如饮鸟。云此茶种石缝生，金蕾珠蘖殊其名。雨淋日炙俱不到，几茎仙草含虚清。采之有时焙有诀，烹之有方饮有节。譬如曲蘖本寻常，化人之酒不轻设。我震其名愈加意，细咽欲寻味外味。杯中已竭香未消，舌上徐尝甘果至。叹息人间至味存，但教卤莽便失真。卢仝七碗笼头吃，不是茶中解事人。

我国台湾著名史学家、诗人连横，祖籍福建龙溪（治所在今福建省漳州市龙溪区），有《茗谈》与《茶》（二十二首），一文一诗，几可对读。"新茶色淡旧茶浓，绿茗味清红茗秾。何似武夷奇种好，春秋同抱幔亭峰。安溪竞说铁观音，露叶疑传紫竹林。一种清芬忘不得，参禅同证木犀心。北台佳茗说乌龙,花气氤氲茉莉浓。饭后一杯堪解渴,若论风味在中庸。"茶单之品,从闽北到闽南,再到台湾,还有以工夫茶法解其中至味:"若深小盏孟臣壶,更有哥盘仔细铺。破得工夫来瀹茗,一杯风味胜醍醐。"

(二)周亮工的《闽茶曲》

周亮工(1612—1672),字元亮、缄斋,号栎园,明末清初祥符(治所在今河南省开封市祥符区)人。崇祯年间进士,授监察御史。明亡仕清,曾任福建布政使、户部右侍郎。为文古雅简质,诗宗少陵。著《赖古堂集》《因树屋书影》《闽小纪》等。《闽小纪》一书详细记载了福建各地的风土民情、物产习俗以及人文景观。《闽茶曲》收录其中:

闽茶实不让吴越,但烘焙不得法耳。予视事建安,戏作《闽茶曲》。

龙焙泉清气若兰,士人新样小龙团。
尽夸北苑声名好,不识源流在建安。
御茶园里筑高台,惊蛰鸣金礼数该。
那识好风生两腋,都从着力喊山来。
崇安仙令递常供,鸭母船开朱印红。
急急符催难挂壁,无聊斫尽大王峰。
一曲休教松栝长,悬崖侧岭展旗枪。
茗柯妙理全为祟,十二真人坐大荒。
歙客秦淮盛自夸,罗囊珍重过仙霞。
不知薛老全苏意,造作兰香诮闽家。
雨前虽好但嫌新,火气难除莫近唇。
藏得深红三倍价,家家卖弄隔年陈。

延津廖地胜支提，山下萌芽山上奇。
学得新安方锡罐，松萝小款恰相宜。
太姥声高绿雪芽，洞山新泛海天槎。
茗禅过岭全平等，义酒应教伴义茶。
桥门石录未消磨，碧竖谁教尽荷戈。
却羡钱家兄弟贵，新衔近日带松萝。
沤麻沤竹斩枏槲，独有官茶例未除。
消渴仙人应爱护，汉家旧日祀干鱼。

花鸟纹六方锡茶罐

《闽茶曲》类史诗体，梳理了福建茶叶的发展历史：名噪一时的北苑贡茶、武夷御茶园及其喊山习俗，为逃避茶贡而砍斫茶树之情形等。当时运输茶叶的交通工具为鸭母船，即漕篷船，前狭后广。"学得新安方锡罐"句，说的是装裹鼓山、支提茶的锡罐，有方形、圆形等形制，是从新安一带学来的封装方式。至于茶品，有当时武夷的雨前茶、支提茶、太姥山的绿雪芽——叙事于这首作品中。《闽茶曲》展现的是福建名茶谱系，勾勒了当时福建茶叶地理脉络。

此外，周亮工还说"武夷、鼓崱、紫帽、龙山皆产茶"，鼓崱，福州鼓山主峰，邓原岳有诗曰："雨后新茶及早收，山泉石鼎试磁瓯。谁知鼓崱峰头产，胜却天池与虎丘。"紫帽山，位于福建省晋江市紫帽镇，与清源山、朋山、罗裳山号称"泉州四大山"，因常有紫云覆顶，故名。龙山，在漳州，明代《龙溪县志》记载："旧有天宝山茶、梁山茶，近有南山茶、龙山茶，俱佳。"又言"在城北十里"。周亮工《闽小纪》中的闽茶，有的是联结地方与中央的贡茶，有的是文人墨客的座上宾，有的则为隐谧在一方的物产。

（三）汗竹斋的茶会

茶会，也有称茶宴者，唐代吕温《三月三日茶宴序》，正值上巳节，以茶代酒，"乃命酌香沫，浮素杯，殷凝琥珀之色"。而钱起《与

〔宋〕刘松年《撵茶图》

赵莒茶宴》诗，记二人对饮，有竹下忘言之谊。历代茶画多表现茶会之景，如宋代刘松年《撵茶图》、明代文徵明《品茶图》等，颇有林泉之志，仿佛身临其境。他们以诗歌记录的茶会，展现了饮茶的生活面与艺术性，塑造了"有味"的世界，有了属于茶的灵动。

徐㶿，是明代著名的藏书家、文学家、目录学家，他对茶也颇有心得，曾作诗述及他品过的武夷茶，例如《丘文举以武夷金井茶见寄用苏子由煎茶韵赋谢》：

连旬梅雨苦不堪，酷思奇茗餐香甘。武夷地仙素习我，嗜茶有癖深能谙。建溪粟粒灵芽贵，箬叶封函得真味。三十六峰岩嶂高，身亲采摘宁辞劳。上品旗枪谁复有，未及烹尝香满口。我生不识逃醉乡，煮泉却疾如神方。铜铛响雪炉掣电，瓦瓯浮出琉璃光。窗前检点《清异录》，斟酌十六仙芽汤。

〔明〕文徵明《品茶图》

其《武夷茶考》一文，认为"山中土气宜茶，环九曲之内，不下数百家，皆以种茶为业，岁所产数十万斤，水浮陆转，鬻之四方，而武夷之名甲于海内矣。宋元制造团饼，稍失真味。今则灵芽、仙萼，香气尤清，为闽中第一"。某日，他与友人相聚饮茶，作《雨后在杭孟麟诸君见过汗竹巢试武夷鼓山支提太姥清源诸茶分得林字》诗：

> 空斋不受片尘侵，试茗松间碧霭深。石鼎寒涛终日沸，瓦铛甘露一时斟。建溪粟粒追泉洞，太姥云芽近霍林。总让灵源香味胜，白花浮碗涤烦襟。
>
> 北苑清源紫笋香，长溪旸崃盛旗枪。洞天道士分筠笃，福地名僧赠绢囊。蟹眼煮泉相续汲，龙团别品不停尝。尽倾云液清神骨，犹胜酕醄入醉乡。

诗题交代了茶会的时间、地点、茶客与茶品。在杭，即文学家谢肇淛，明长乐（治所在今福建省福州市长乐区）人。孟麟，即郑邦祥，明闽县（治所在今福建省福州市）人，是谢肇淛的妹婿。莆田籍文人周千秋作有《雨后集徐兴公汗竹斋烹武夷太姥支提鼓山清源诸茗》，可知他也参加了这场茶会。他们雅集于徐𤊱的汗竹斋，品鉴闽地名茶。主人一一打开囊封，谢肇淛写道"五峰云向杯中泻，百和香应舌上逢"，可谓是茶饮的饕餮盛宴。诗中的"五峰"，即所饮的武夷茶、鼓山茶、支提茶、太姥山茶、清源茶，俱是当时闽茶的佼佼者，其闽茶地理分布一目了然。

（四）贡茶与土茶

上文已经介绍了宋代建州的贡茶——龙团凤饼。所说的"任土作贡"，是指古代各地依据出产定期进奉中央的制度，地方进贡的茶即为"贡茶"。贡茶制度始于晋，唐代基本定型。清代宫廷档案详细记录了各地贡茶的品种和数量等内容，反映出贡茶制度与宫廷生活的丰富内涵。

清代主要贡茶地点一览表

序号	清代贡茶地点	现代区划	主要贡茶种类
1	宜兴县	江苏省宜兴市	阳羡茶
2	苏州府	江苏省苏州市	碧螺春
3	杭州府	浙江省杭州市	龙井茶
4	绍兴府	浙江省绍兴市	黄茶
5	普陀山地区	浙江省普陀山	紫竹灵山茶
6	六安州	安徽省六安市	六安茶（银针茶、雀舌茶、梅片茶）
7	徽州府	安徽省黄山市	松萝茶
8	宁国府	安徽省宣城市	松萝茶
9	武夷山	福建省南平市	武夷茶（工夫花香、小种花香、岩顶花香、花香等）
10	仙游县	福建省仙游县	郑宅茶
11	赣州府	江西省赣州市	储茶、芥茶、茶砖
12	安远县	江西省安远县	安远茶
13	庐山地区	江西省庐山市	庐山茶
14	武昌府	湖北省武汉市	通山茶
15	安化县	湖南省安化县	安化茶
16	巴陵县	湖南省岳阳市	君山茶
17	以雅安为中心的蒙山地区	四川省雅安市	仙茶、陪茶、菱角湾茶、名山茶、春茗茶、观音茶

续表

序号	清代贡茶地点	现代区划	主要贡茶种类
18	邛州府	四川省邛崃市	邛州茶砖、锅焙茶
19	青城山地区	四川省青城山	青城芽茶、陪茶、灌县细茶
20	贵阳府	贵州省贵阳市	贵定芽茶、龙里芽茶
21	湄潭县	贵州省湄潭县	湄潭芽茶
22	普洱府	云南省普洱市	普洱茶
23	紫阳县	陕西省紫阳县	紫阳茶
24	同州府	陕西省大荔县	吉利茶

福建地区的贡茶有武夷茶、岩顶花香茶、工夫花香茶、莲心茶、莲心尖茶、小种花香茶、天柱花香茶、三味茶、郑宅芽茶、郑宅香片茶、乔松品制茶、花香茶等。清代张锡爵《谢顾云浦送武夷茶》小注云："一系白云洞花香，蔡将军入贡之物。"徐用锡有《丁酉秋初寄武夷贡茗与赫公澹士》诗。乾隆帝《冬夜煎茶》则记录了他一次品饮武夷茶的情景，诗曰：

清夜迢迢星耿耿，银檠明灭兰膏冷。更深何物可浇书，不用香醑用苦茗。建城杂进土贡茶，一一有味须自领。就中武夷品最佳，气味清和兼骨鲠。葵花玉銙旧标名，接笋峰头发新颖。灯前手擘小龙团，磊落更觉光炯炯。水递无劳待六一，汲取阶前清濼井。阿童火候不深谙，自焚竹枝烹石鼎。蟹眼鱼眼次第过，松风欲作还有顷。定州花瓷浸芳绿，细啜慢饮心自省。清香至味本天然，咀嚼回甘趣逾永。坡翁品题七字工，汲黯少戆宽饶猛。饮罢长歌逸兴豪，举首窗前月移影。

故宫博物院藏福建贡茶（代永生/供图）

若熟悉苏轼茶诗者，可发现乾隆帝大量化用了《和钱安道寄惠建茶》《试院煎茶》中的语句。乾隆进一步将苏轼诗的"骨鲠"运用于茶性的描摹中，以武夷茶的品质最好，它"气味清和兼骨鲠"，与苏轼的"骨清肉腻和且正"，有异曲同工之处。"咀嚼回甘趣逾永"一句，则生动地描述了武夷茶回甘隽永的感官特征，茶汤馥郁饱满，可细细咀嚼玩味。乾隆曾在味甘书屋品饮了另一款武夷茶："汲泉茗煮武夷尖，口为生津心为恬。却笑回甘苏氏帖，还称崖蜜十分甜。"味甘书屋，是乾隆在避暑山场的一品茗处，其名字由来见乾隆的另一首诗："向汲山泉饮而甘，书屋味甘名以此。竹炉茗碗设妥帖，试而烹斯偶一耳。"武夷尖，疑为采摘标准为单芽的武夷茶，或即莲心尖茶。

郑宅茶产于莆田，郭柏苍《闽产录异》记云："国朝闽茶入贡者，以郑宅茶为最。"《遁斋偶笔》云："闽中兴化府城外郑氏宅有茶二株，香美甲天下，虽武夷岩茶不及也。所产无几，邻近有茶十八株，味亦美，合二十株。有司先时使人谨伺之，烘焙如法，藉其数以充贡。间有烘焙不中选者，以饷大僚，然亦无几。此外十余里内，所产皆冒郑宅，非其真也。庚戌，使闽中，晤汀镇吕公，啜此茶，香美，不可名似，询之云尔。"作为贡茶品类之一，乾隆帝对它颇有赞赏，作诗曰："榴枕桃笙午昼赊，红兰香细透窗纱。梦回石鼎松风沸，先试冰瓯郑宅茶。"朝臣也会得到郑宅茶这样的赏赐，例如叶观国有《端午恩赐郑宅茶》诗："嫩芽来郑宅，精品冠闽溪。便觉曾坑俗，应令顾渚低。溶溶云液澹，刻刻雪枪齐。石鼎烹尝罢，封缄手自题。"曾坑，北苑贡焙之正焙所在地。曾坑茶与顾渚茶都是历史上著名的贡茶。诗人认为郑宅茶名冠二者，可见其品质之精。曹庭枢以郑宅茶寄奉老母，见他的《钱唐相国分饷上赐郑宅茶寄奉老母》，其中写道："当筵思笋蕨，奉母忆篮舆。旅食经年别，平安数寄书。"以茶向母亲表敬意，寄予思念，并报上一纸平安，与王禹偁《龙凤茶》"爱惜不尝惟恐尽，除将供养白头亲"句所表达的情愫一致。

除了贡茶外，文学作品也涉及了其他一些不知名茶，也可称为"土茶"。元代洪希文《煮土茶歌》，前有小序介绍说："龟山、石梯、蟹井各有土产。龟山味香而淡，石梯味清而微苦。"诗云：

> 论茶自古称壑源，品水无出中泠泉。莆中苦茶出土产，乡味自汲井水煎。器新火活清味永，且从平地休登仙。王侯第宅斗绝品，揣分不到山翁前。临风一啜心自省，此意莫与他人传。

诗人并不羡慕贡茶之绝品，喜爱家乡龟山（古名龟洋，位于今福建省莆田市城厢区华亭镇内，有龟山寺）、石梯（石梯寺，位于今福建省莆田市城厢区东海镇坪洋村）所产的茶，或香而淡，或清而微苦，即是"乡味",有临风一啜的洒脱,一如黄庭坚"口不能言,心下快活自省"之乐。

再举一例,坐落于闽、粤、赣交界的福建省武平县境内的梁野山亦产茶,清康熙《武平县志》录有刘旷《梁野仙山》:"极目梁山翠色斑,仙家灵处可医顽。尘心顿共苔痕破,遥想宁容礍户关。滴露幽人携筼至,锄云衲子种茶闲。飘然物外天寥廓,风度钟声出古坛。"诗文主要呈现了梁野山的地景,宛如仙境,超越尘世之地,有僧人种茶其间,享闲情逸致。今则以武平绿茶闻名,有梁野炒绿、梁野翠芽、梁野雪螺、梁野翠珠等茶品。

又,王步蟾《鹭门杂咏》记载了今福建省厦门市同安区制作花茶的历史:"城东山麓野人家,不种桑麻只种花。多种素馨兼茉莉,半供插鬓半薰茶。"自注文曰:"城东一带山足多花园,居人世以花为业。"这里产有素馨与茉莉,部分作为头饰,部分则用来窨制茶叶。

福建茶文学内容丰富,是了解闽茶历史的重要资料,从中可窥知福建茶在古代生活中的样貌,它成为时人交游的有效媒介,修心的独立世界。清代梁章钜《诗清都为饮茶多》:"省识诗清故,枯肠肯畏茶。那容沾浊颣,早与瀹灵芽。"文人亦极尽辞藻,抒发情感,升华内在,这丰厚了闽茶的文化意蕴,使之有艺术的高度,有哲人思想的深邃,也有社会风尚的呈现。

第九讲　福建茶文化旅游

福建风土宜茶，据《闽产录异》记载："闽诸郡皆产茶，以武夷为最。"福建是我国的产茶大省，茶文化旅游资源丰富，如武夷山、安溪、福鼎等，以及众多的茶园、茶山、茶古迹等茶文化旅游景点，这些景点结合了茶园美景、茶叶制作工艺和茶文化展示等元素，为茶文化旅游提供了丰富的资源。福建省已积极打造了一系列茶文化旅游精品路线，如"安溪海丝之源茶旅""武夷山乌龙茶、红茶寻根之旅""福鼎白茶·源韵文旅"等，吸引众多茶旅爱好者前来观光游学，感受福建茶文化的多重魅力。

一、茶史遗迹怀古

在福建，茶叶不只是饮品，亦承载着历史文化。福建各茶区遗留有中国乌龙茶行业历代与茶有关的文化古迹，有目前国内发现的最早的官办茶叶衙署遗址——北苑御焙遗址，有起始于武夷山的万里茶道及其相关遗迹，有中国乌龙茶茶行业历史悠久的安溪茶厂，有福建省乌龙茶出口的六大茶厂之一——北硿华侨茶厂，还有昔日茶叶外贸的城市与港口：福州、泉州、厦门、漳州、三都澳等。

（一）北苑御焙遗址

北苑御焙遗址位于福建省建瓯市东峰镇裴桥村焙前，20世纪80年代初期，东峰镇凤山南面焙前村林垅山坡上的凿字岩石刻被发现。建瓯市博物馆之后在石刻附近进行考古调查，确认了凿字岩石刻为北宋庆历年间转运使柯适所书之北苑茶事题记。福建省博物馆于1995年对北苑遗址进行了重点发掘；2006年5月该遗址被国务院公布为第六批全国重点文物保护单位。北苑御茶园凿字岩刻于宋庆历八年（1048），文曰：

北苑御茶园凿字岩

> 建州东凤皇山，厥植宜茶，惟北苑。太平兴国初，始为御焙，岁贡龙凤上，东东宫、西幽湖、南新会、北溪，属三十二焙。有署暨亭榭，中曰御茶堂。后坎泉甘，宇之曰御泉。前引二泉，曰龙、凤池。庆历戊子仲春朔，柯适记。

石刻记录了当时御焙贡茶的历史，与宋代茶书互为印证，是最有说服力的文物证据。

（二）万里茶道福建段

17世纪末至20世纪初，万里茶道以福建武夷山为起点，经水陆交替运输北上，经汉口、张家口集散转运，过库伦（今蒙古国乌兰巴托）后一直延伸至茶叶通商口岸城市恰克图（位于今蒙俄边境，属俄罗斯）完成交易，而后辗转销往西伯利亚、莫斯科、圣彼得堡和欧洲其他国家，成为当时茶叶贸易的重要经济通道，同时也是中西文明沟通交流的一条重要文化线路，是为商贸之道、开放之道、文化之道、友谊之道。武夷山的星村、下梅、赤石为传统茶市，晋商在下梅村设茶庄，开展茶叶贸易，茶叶经由梅溪运输北上，开辟出万里茶道。邹氏家祠、邹氏大夫第，沿溪两侧的古街道等，缓缓讲述着历史的茶味。星村，是另一重要茶叶集散地，位于武夷山九曲溪畔，有"茶不到星村不香"的美誉。清代梁章钜《归田琐记》："武夷九曲之末为星村，鬻茶者骈集交易于此。多有贩他处所产，学其焙法，以赝充者，即武夷山下人亦不能辨也。"在武夷茶"南茶北销"的内陆贸易中，茶商曾到过星村采购武夷茶，茶客纷纷聚集于此；赤石镇在福州通商后，由于茶叶运输路径发生改变，遂替代曾经兴旺的下梅茶市。民国时期，在此就有数十家大小各茶号。赤石与星村，因茶叶贸易之盛，被誉为"小上海"和"小苏州"。

武夷山下梅

  目前，万里茶道正积极申报世界文化遗产，在福建段上还有其他与之相关的申遗点。如武夷古茶园，它是万里茶道生产路段的种植、加工类遗存。现存古茶园、茶厂及慧苑禅寺，反映了武夷岩茶核心产区在清代的发展历程。其地理环境展现了武夷山红色砂砾岩地貌集中区独特的土壤地质为优质茶树的生长提供的先决条件。又如武夷天游九曲茶事题刻，它是万里茶道生产路段的纪念性关联类遗存。题刻上的内容是武夷山茶叶生产、贸易、税收、贡茶等情况的历史见证。主要遗存包括建宁府衙门题刻、按察使司题刻、杨琳题刻、孔兴琏题刻、林翰题刻、清采办贡茶茶价禁碑等六处。还有闽赣古道分水关段，其为万里茶道生产路段的交通、管理类遗存，连接武夷山脉的福建崇安与江西铅山，是茶叶运输贸易过程中最重要的驿道。作为闽、赣之间重要的商旅通道，同时见证了万里茶道贸易中闽赣两地的文化交流。

第九讲　福建茶文化旅游

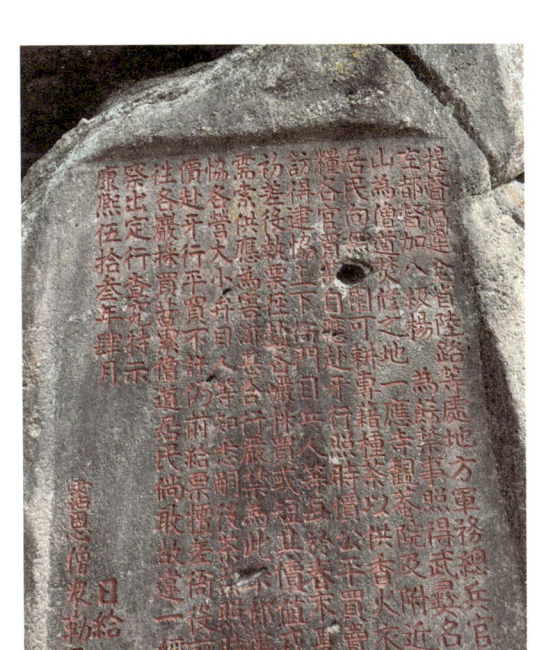

◀武夷山摩崖石刻——福建陆路提督告示〔清康熙五十三年（1714）刻〕

武夷古茶园（阮克荣／摄）

（三）国家工业遗产——安溪茶厂

老茶厂见证了茶产业从传统手工至机械化生产的发展历程，是一代茶人奋斗的缩影。福建安溪茶厂有限公司前身为国营福建安溪茶厂，由中国茶叶公司福建分公司于1952年创建，是中国乌龙茶行业历史悠久的工业化茶叶生产企业。安溪茶厂在70多年的发展中创造了多个业界第一，是乌龙茶精制加工业中最早实现机械化生产、最早建立乌龙茶标准、最早拥有自营出口权、产品荣获国家金质奖的企业，同时也是茶叶界老牌重点出口创汇企业，首批农业产业化国家重点龙头企业，为中国现代化工业发展作出了卓越贡献。

◀安溪茶厂——工业设备

▼安溪茶厂——毛茶仓库

2020年，安溪茶厂入选国家工业遗产名单，具有重要的历史价值、科技价值、社会文化价值和艺术价值。

（四）乌龙茶出口生产基地——永春北硿华侨茶厂

在计划经济时代，永春北硿华侨茶厂与安溪、漳州、建瓯三茶厂，同为福建省乌龙茶出口产品的生产基地。北硿华侨茶厂前身可追溯至1917年，由马来西亚爱国华侨创办的种植实业股份有限公司。1958年公私合营后，北硿山、虎巷山、仙溪农场合并，国营福建省永春北硿华侨茶厂正式成立，安置归侨近400人，也成为东南亚归侨回乡安家立业的乐土。1958年至2012年是北硿茶厂的辉煌岁月，它成为福建省乌龙茶出口四大生产基地之一，累计出口茶叶3万多吨，产品畅销东南亚乃至世界各地。1982年注册的"松鹤"是北硿华侨茶厂经营的规模最大、品质最佳的闽南精制茶品牌。自20世纪80年代起，多次荣获国家和省部级乌龙茶评比金奖。在18000平方米的茶厂内，屹立着16幢不同风格的厂区建筑，它们建成于20世纪60年代至90年代，具有老一代的工业风格，夹杂着闽南风情。

北硿华侨茶厂（叶春晖/供图）

见证福建茶业的史迹众多，一方石刻、一个茶厂、一条茶路、一座码头、一个茶馆、一口古井……更多的遗迹隐没在城市之中、乡野之间。

北碇华侨茶厂车间（陈本夏／供图）

北碇华侨茶厂一角

厦门鼓浪屿八卦楼

二、茶山里的林泉雅志

"千峰待逋客,香茗复丛生。采摘知深处,烟霞羡独行。幽期山寺远,野饭石泉清。寂寂燃灯夜,相思一磬声。"是唐代诗人皇甫曾为陆羽至山中采茶而描画的形象:一位隐逸之士,独自潜入深山,寻茶采茶。追随陆羽,踏进自然,访泉问茗,在"茶路"上体悟林泉雅志——福建有武夷山的岩骨花香漫游道,有太姥山的云雾茶景,有漳平永福的茶绿樱红,也有政和锦屏的绝美山水茶。

(一)碧水丹山之境——武夷山

武夷山碧水丹山,秀甲东南,是世界文化与自然双遗产地。武夷山风景区三十六峰、九十九岩林立,九曲蜿蜒,茶孕育其中,素有"岩岩有茶,非岩不茶"之说。目前有岸上九曲漫游道、绿野仙踪漫游道、岩骨花香漫游道、洞天仙府漫游道、天心问禅漫游道等,囊括武夷之山水灵动。茶园形态各异,错落在坑涧洞壑之中;茶树品种丰富,丛丛生长,彰显生物多样性。处处可见的摩崖石刻,描绘了碧水丹山之美,蕴含着道南理窟深厚意蕴,演绎了洞天福地故事传说,更是展现了历史悠久的武夷茶文化。2023年,武夷岩茶文化系统入选中国重要农业文化遗产。

武夷山天游峰眺望

武夷山玉女峰

母树大红袍

岩骨花香漫游道（阮克荣／摄）

（二）山海大观——太姥山

太姥山，位于福鼎市，旧名才山。这里有峰林岩洞、怪石嶙峋、云海奇观、古木参天、溪流飞瀑、古迹遗址，融山、海、川和人文景观于一体，素有"人间仙境"之称。有太姥山岳、九鲤溪瀑、晴川海滨、福瑶列岛、桑园翠湖等景区，此外还有冷城古堡、瑞云寺等景点。太姥山与茶，早有渊源。宋代名士郑樵游历太姥山，经过灵峰寺，曾在石桥旁的蒙井，汲山泉煮茗。

太姥山风景

（三）漳平永福樱花茶园

漳平市素以水仙茶闻名，而今，永福樱花茶园成为这里的又一张名片。它位于漳平市永福镇后盂村，有"大陆阿里山"之称，曾登上《中国国家地理》杂志封面，被评为"中国最美樱花圣地"。初春时节，漫山繁花和茶园交相辉映，形成独特的茶绿樱红景观。茶园引进种植软枝乌龙、金萱、翠玉、四季春等我国台湾四大乌龙茶良种。樱花品种繁多，种植有中国红、绯寒樱、云南樱、染井吉野樱、牡丹樱、福建山樱等品种近万株，从一月开始樱花依次怒放，一直持续到三月，是观光旅游休闲农业发展的典范。

漳平永福茶园（陈明星／摄）

漳平永福樱花茶园（罗昊／供图）

（四）政和翡翠锦屏

山寺锦屏列，水如翡翠冷。政和县岭腰乡的锦屏村，是政和工夫红茶的发源地，中国贡眉之乡。锦屏茶史悠久，在唐宋时期，为北苑贡茶重要一脉，独树一帜。郑永亨《闽茶杂录》（1940）记载道："政和茶最佳者产于遂应场锦屏山，该处土质膏腴，地势高耸，得天独厚，故所产之茶甜质甘香，叶底红亮，适合英国饮茶人士口胃，故常驰誉伦敦市场。"从中可见锦屏茶业的辉煌往事。锦屏生态环境优美，气候宜人，森林覆盖率高，冬无严寒，夏无酷暑。这里有古茶楼、古廊桥、古茶树、茶盐古道等特色古迹，在时间流逝中泛着茶文化底蕴的光。锦屏的水，堪称"小九寨沟"，像翡翠一样蓝。与自然山水重逢，赏清泉，品香茗，在这里可以尽情享受与自然共生的惬意生活。

锦屏茶盐古道（班剑华／摄）　　锦屏三叠浪瀑布（张晓静／摄）

名山古寺出名茶，其他如宁德支提山的天山绿茶，泉州清源山的清源茶，武平梁野山的绿茶等，皆是其例。茶在历史遗迹与自然风光之间起到了媒介之功，在茶之植、采、制、饮等过程中，茶文化之隐逸与和谐由此生发。

支提寺

泉州清源山老君岩

三、迨然茶空间指南

饮茶有时，例如唐代元稹《一字至七字诗·茶》："夜后邀陪明月，晨前命对朝霞。"看似描写了饮茶的时间，而"明月""朝霞"又暗含了饮茶的意境与空间。明代以来，文人对饮茶生活有了更多层面的追求，茶品、泉品、茶客、插花、意境等方面，都有相应的格调。当时还出现了专门喝茶的小屋，称为"茶寮"，"小斋之外，别置茶寮。高燥明爽，勿令闭塞"。不仅空间需要专门设置，饮之时与境也颇有讲究：明窗净几、茂林修竹、荷亭避暑、小院焚香、清幽寺观、名泉怪石，还需有饮茶的"良友"，如清风明月、竹床石枕、名花琪树等，这些是生活在晚明江南的黄龙德《茶说》中所述。他还认为，"茶灶疏烟，松涛盈耳，独烹独啜，故自有一种乐趣"，在四季中看见生活的趣味与茶的本色，凸显了明代文人茶的雅致：

若明窗净几，花喷柳舒，饮于春也。凉亭水阁，松风萝月，饮于夏也。金风玉露，蕉畔桐阴，饮于秋也。暖阁红炉，梅开雪积，饮于冬也。僧房道院，饮何清也。山林泉石，饮何幽也。焚香鼓琴，饮何雅也。试水斗茗，饮何雄也。梦回卷把，饮何美也。

饮茶对坐客也有要求，人数以少为宜。张源在《茶录》中写道："饮茶以客少为贵，客众则喧，喧则雅趣乏矣。独啜曰神，二客曰胜，三四曰趣，五六曰泛，七八曰施。"徐渭《煎茶七类》对茶侣的定义，则是："茶侣：翰卿墨客，缁流羽士，逸老散人，或轩冕之徒，超然世味者。"同时，在文征明《惠山茶会图》、唐寅《品茶图》、仇英《烹茶论画图》、孙克弘《销闲清课图》、丁云鹏《玉川煮茶图》、陈洪绶《闲话宫事图》等茶画中，能见到独饮，或二人至三四人的茶会，心闲手适，趣味高雅。

〔明〕丁云鹏《玉川煮茶图》

城市环境有现代的高级与时尚的品位，不过部分庞杂建筑框出的生活空间，裹挟着车水马龙，多的是喧嚣。于茶来说，本是清幽和安静，在城市空间里需要闹中取静，以安一处关于茶的自然。福州、厦门、泉州、漳州等城市，饮茶氛围浓厚，街巷里常能见到随心的茶盘上摆着几盏茶。随着饮茶文化兴起，一些独立茶空间有了发展。这些茶空间有精心的设计，透露着主人的心思与趣味，有茶最本质的秉性——俭与素，为饮茶空间增添一处迫然之境。

（一）攸往茶文化空间

攸往茶文化空间结合了闽茶与福州文化。攸，水行也，隐喻茶之本源。攸往，上善若水，也是脚踏实地、细水长流做茶的态度。空间隐于闹市，庭院幽深，茶香芬馥。室内风格简约，四五米的层高使空间尤为开阔。户外小院素雅清朗，是忙里偷闲的好去处。除了武夷岩茶，攸往茶空间专注茉莉花茶的研发，所谓"窨得茉莉无上味，列作人间第一香"。

攸往

（二）梅花落

梅花落，诗意地生活。梅花落，隐于泉州鲤城区，是基于器物而营造的人文空间。梅花，中国传统文化符号之一，冬日绽放，俏也不争春，常常象征着坚韧不拔、高洁纯净的品质，是"岁寒三友"之一。梅与茶，秉性相通。在现代社会中，快节奏的生活常常让人感到压力和疲惫，而在此可保持一颗诗意的心，获得一种清透感，能在忙碌中得到一片静谧空间。

梅花落（叶春晖／供图）

（三）二三丛

二三丛背靠鼓浪屿日光岩山坡，面向鹭江，是典型闽南红砖厝的"三间张"格局，左伸一廊护厝，正中的天井是整个建筑的秩序中心，四方围合，两侧房间依中轴对称排列。茶席生趣有味，家具质朴有序，来自山野的绿植从容生长，潜藏惊喜。

二三丛（陈本夏、小丛／供图）

二三丛（小丛 / 供图）

（四）不知春斋

武夷山不知春斋，以传统茶铺、展厅、民宿等美学空间，示范一种山人与茶的生活方式。门前一树老白梅，花阶下有茶寮一方，能坐望青山，对饮成三人，得一时妙趣。

不知春斋坐落于武夷山度假区，清晨可漫步崇阳溪畔，一观薄雾在溪面泛起浓云缠绕山际时。后门通向市井烟火，闲逛小铺还可时时品尝到武夷特色小食。旅客在此可感受到一半还之山水，一半回归人间的生活状态。

不知春斋

这里的每个房间都有一个有趣的名字,有的是武夷地名,如幽篁、半入云;有的是文人书斋名,如慵庵、梦溪。一楼有茶室,可一品武夷岩骨花香,黄昏余晖从山林徐徐穿过落在书桌上,时光将异常温柔。顶楼茶桌一侧,是山溪构成的画境,此时可汲溪水煮新茗,买尽青山当画屏。

不知春斋(邱月芳/供图)

第十讲　福建茶文化传播

福建是中华茶树种质资源的基因库，品种众多，茶类丰富，万里茶道、海上茶叶之路从这里出发。闽茶在国内外的传播，涵盖了茶树品种、茶叶、制茶技艺以及茶文化。四川万源《紫云平植茗灵蘭记》记载了北宋时期从建州移栽茶苗一事："分得灵根自建溪"；日本茶道的源头是宋代点茶，所用的盏，最早即出自建州；英国植物学家乔治·瓦特在植物变种中，将世界茶叶的一个变种命名为武夷变种（var. Bohea）；茶叶从海路运抵的国家，其对茶的发音皆源自茶的闽南语发音，英国 tea、德国 tee、西班牙 te、法国 the 皆是。

一、制茶技术的南北传播

福建制茶技术，主要以部分发酵乌龙茶与全发酵红茶制作技术为主，其发酵技术代表着先进、成熟的制茶技术。基于自然环境、物产条件、经济生产、人口迁徙和交流等因素，乌龙茶制作技术主要往南传播，闽南、广东、台湾为其支脉。红茶制作技术主要向北传播，江西、安徽等成为红茶生产重镇，并向其他省份继续延伸。福建制茶技术的发展与传播，使得红茶、乌龙茶的茶叶地理图景逐步铺展，促进了各地制茶技术的交融与发展，对中国茶产业、饮茶文化产生深远影响。

引发一门技术的向外传播，主要是因为此技术有先进的素质，可为其传播与接收提供可能。发酵技术使得武夷茶的风味受到市场欢迎，进而引起周边茶区纷纷效仿。清代释超全《安溪茶歌》："溪茶遂仿岩茶样，先炒后焙不争差。"王梓《茶说》："若洲茶，所在皆是，即邻邑近多栽植，运至山中及星村墟市贾售，皆冒充武夷。更有安溪所产，尤为不堪。"

（一）传播路径

考今之茶叶地理，可看出红茶、乌龙茶茶区的分布规律。以武夷山为起点，辐射闽北地区，红茶制作技术主要往北至江西、安徽等地，再传播至其他省份；乌龙茶制作技术则往南传播，一路延伸至闽南、广东、台湾一带。

1. 往南

传播至闽南一带，以安溪、永春、平和、诏安、漳平为主，形成了安溪铁观音、永春佛手、平和白芽奇兰、诏安八仙茶、漳平水仙等乌龙茶品类。接着往南传播，则进入了广东潮汕一带，发展了以凤凰单丛为代表的广东乌龙。闽台茶业交流的历史已久，茶种与制茶技术引入台湾始于清嘉庆年间，并成为台湾的重要经济产业。

2. 往北

据吴觉农考察，红茶的制作技术的传播路线是：福建武夷山、政和、坦洋、白琳—江西铅山（河口）—修水—浮梁—安徽东至—祁门。在这些地区，工夫红茶得到发展，至今已有闽红工夫、河红工夫、祁门工夫、宁红工夫、宜红工夫、川红工夫、湖红工夫、滇红工夫等十余种。

此外，红茶的制作技术更传播至域外。1838年，红茶在印度阿萨姆试制成功；1890年，斯里兰卡开始大规模生产红茶；1903年，肯尼亚开始大规模种植阿萨姆红茶，同时非洲其他国家也开始相继生产红茶。

（二）传播路径形成因素

制茶技术的传播，与其本身联结的元素息息相关，即掌握技术的人群与承载此技术手段的茶。福建制茶技术的传播，在地域间的人口迁移与交往中完成，又有地方资源特别是茶树资源条件的限制，更为经济效益所推动。这些因素相互融合，共同作用，形成了这样的传播路径。

1. 地域间的人口迁移

武夷山早期岩茶产区不若今天之广，主要集中在九曲溪以及两边的岩、峰、窠等处。且茶园的所有者多为寺庙、道观，故而乌龙茶技术的掌握群体也多为僧人与道士。"岩茶采制著名之处如竹窠、金井坑、上章堂、梧峰、白云洞、复古洞、东华岩、青狮岩、象鼻岩、虎啸岩、止止庵诸处，多系漳泉僧人结庐久往，种植采摘烘焙得宜，所以香味两绝。"清代查慎行《武夷采茶词》有注云："山茶产竹窠者为上，僧家所制远胜道家。"这些僧人道士，其中不乏闽南籍人士，他们于闽南闽北间往还，推动了制茶技术的传播。知名的有厦门同安人释超全，曾寓于武夷山中寺庙，作《武夷茶歌》诗，说道："凡茶之候视天时，最喜天晴北风吹。苦遭阴雨风南来，色香顿减淡无味。近时制法重清漳，漳芽漳片标名异。如梅斯馥兰斯馨，大抵焙时候香气。鼎中笼上炉火温，心闲手敏工夫细。"足见他对武夷岩茶工艺的熟知；又写有《安溪茶歌》，将闽南闽北联系在一起，指出"溪茶遂仿岩茶样，先炒后焙不争差"，虽然还处于模仿阶段，但也反映出以武夷茶为代表的青茶（半发酵）技术，提升了茶叶品质，引得周边的茶区争相仿造。

江西人是武夷山地区另一支重要的外来人口，也是武夷茶制作技术的重要掌握群体。同时，桐木村位于闽赣交界，红茶的制作技术向北传，具有地缘上的优势。清代顾嗣立《自玉山至南昌舟中杂诗》其五云："焦石山柴贱如土，铅山冬笋不论钱。别有白毫接笋出，旋吹活火汲新泉。"

自注道：“冬笋、武夷茶俱集铅山河口，时直最廉。”刊刻于清乾隆八年（1743）的郑之侨《铅山县志》，也注意到了桐木的茶，"今惟桐木山出者，叶细而味甜，然土人多不善制，终不如武夷味清苦而隽永"。桐木的茶叶细味甜，指的是该地的小叶种菜茶，制成红茶，味道甘甜。而武夷的青茶风味更为突出，即所说的"清苦而隽永"。

红茶之室内萎凋：将鲜叶匀摊于竹帘，置木架上，室内气温加以管理，并使空气流通。此法不论晴雨，均可进行无碍。

红茶之旧法萎凋：将鲜叶薄摊于竹簟上，藉日光之力，使其萎凋。如遇阴雨，此法即不能进行。

红茶之室内发酵：随时均可进行，且发酵均匀，茶叶品质，因之提高。

红茶之旧法发酵：将揉过之茶，置竹篰或畚箕内，上盖以棉衣或布袋，藉日光之热力，促其发酵。此种方法，在阴雨时即感困难。

上海图书馆藏《祁门红茶之生产制造及运销》（1936）祁红制法插图

2. 经济效益

前文提及红茶创制后，得到了市场的热烈反馈，巨大的经济效益推动其制法亦被模仿、学习，甚至改进。之前主产绿茶的茶区纷纷改制红茶，甚至说产区茶农生产红茶却从不饮红茶，日常饮用以及馈赠礼品均以绿茶、乌龙茶为贵，这就引出了一个推论——红茶应是海外贸易而兴起的产物。又如安徽祁门红茶的兴起，清人余干臣起到了关键作用。余氏为安徽黟县人，曾于福建仕官，罢官后回原籍经商。因羡慕福建红茶畅销多利，乃在至德县（治所在今安徽省东至县）尧渡街设茶庄，制作红茶。清光绪二年（1876），又在祁门历口设立分庄，继而在祁门闪里又设一分庄，扩大红茶的经营，"祁门红茶"由此播于四方。

3. 茶树资源与茶类适制性

茶树品种的适制性，是指茶树品种适合制造某类茶叶并能达到最佳品质的特性。福建、广东地区，气候适宜，茶树种质资源丰富，也繁育了大量品质优异的品种，如水仙、乌龙、梅占、铁观音、肉桂、凤凰单丛，等等，这些茶树品种适制乌龙茶。而往北的茶区，因气候、环境等原因，茶树多为中小叶种，历史上多适制绿茶，且在清明前后已完成主要的采制工作，如松萝茶、六安瓜片、黄山毛峰、芥茶、西湖龙井、碧螺春，等等，并不适合制作乌龙茶。

红茶的技术不仅往北传播，亦传到了广东、台湾等地，在于它对品种有更多的选择性，如广东的英德红茶、台湾的红玉。不过在品种适制方面同样需要考虑，如台湾红茶，只有在台中市海拔二千尺（约667米）以上地方所生育的原生种，和栽培在那一带的印度输入种阿萨姆种，可以制造质量优良的红茶。而制作台湾乌龙的青心乌龙、青心大冇、硬枝红心、大叶乌龙，只有在完善的工厂和严密的制造下方能出佳品。

（三）制茶技术传播的影响

1. 推进两大茶类工艺的演化

正山小种制作技术传播至其他地方之后，因生产与贸易的需要，演化出工夫红茶这一新工艺。由日光萎凋、揉捻、发酵、过红锅、复揉、毛火、摊放、拣剔、熏焙这些传统的工序，调整为萎凋、揉捻、发酵、干燥等步骤。生产商缩短了发酵时间，省去烟熏工艺，以提高生产效率、降低生产成本。同时，简化后的技术工序更容易推广与掌握。

乌龙茶技术的传播，在精准发酵技术方面获得发展。闽北、闽南、广东等地的乌龙茶品在发酵程度上本有差异。后来流行的"清香"风味，是一大"变异"。台湾早期茶叶制作基本上承袭福建安溪与武夷山的传统，注重重发酵与烘焙的熟香口味。这个传统的口味与制作方式在1980年代出现变化，轻发酵、低度（或不）烘焙的清香风味开始流行，出现清香化的趋势，并从台湾传播过来，使得安溪铁观音也出现清香化的现象。在外形上，闽南与台湾乌龙多为颗粒状，漳平水仙则在闽北水仙制作工艺上增加了"捏团"工序，使其外形呈小方块，便于运输、保存与销售。随着工艺的推陈出新，两大茶类各自发展出了具有不同风味的茶品，丰富了茶品类别，增加了饮茶的维度。

2. 促进中国茶产业的发展

乌龙茶、红茶的工艺传播，扩大了茶叶生产区域及其产量，丰富了出口茶叶的品类，促进了中国茶产业的发展。特别是清代，乌龙茶、红茶工艺已经成熟，此时也是中国茶叶外销兴盛时期。由于世界茶叶市场的需求拉动和国内茶叶生产的发展，茶叶出口量迅速扩大，红茶作为大宗商品，成为东西方贸易的重要货物，获取了丰厚利润。茶叶贸易对发展茶叶生产、改善交通运输、活跃金融、繁荣经济，产生了积极影响，并成为外交和军事斗争的重要武器。如今，二类茶品以内销为主，而最新数据表明，红茶与乌龙茶是仅次于绿茶的出口茶品。2023 年，红茶出口量为 2.9 万吨，占总出口量比重为 7.9%；乌龙茶出口量为 1.9 万吨，占总出口量比重为 5.4%。

3. 丰富地方饮茶文化

制茶技术的传播，也产生了饮茶文化层面的影响，最突出的是饮茶风俗的形成和发展。安徽、江西一带的红茶，早先以出口贸易为主，因此红茶并未动摇绿茶在当地的地位。而乌龙茶一脉的茶区，则流行工夫茶之风俗。它发源于闽北武夷山，后盛行于闽南、广东、台湾等地。半发酵茶富有层次的色香味特征，与工夫茶小壶小杯的泡法相协调。清代文人袁枚《试茶》诗："道人作色夸茶好，磁壶袖出弹丸小。一杯啜尽一杯添，笑杀饮人如饮鸟。……我震其名愈加意，细咽欲寻味外味。杯中已竭香未消，舌上徐停甘果至。"郑杰《武夷茶考略》也记载道："更尝小种茶，须用小壶、小盏。以壶小则香聚，盏小即可入唇，香流于齿牙而入肺腑矣。"工夫茶渐而流行于民间。施鸿保《闽杂记》："漳、泉各属俗尚工夫茶，器具精巧，壶有小如胡桃者，名孟公壶。杯极小者，名若深杯。茶以武夷小种为尚，有一两值番钱数圆者，饮必细啜久咀，否则相为嗤笑。"而今广开流派，至广东、台湾以及海外的南洋，其中潮汕工夫茶的名声响亮，讲究茶器，有烹茶四宝：玉书煨，一把放在风炉上煮水用的小陶壶；孟臣罐，一把普通橘子大小的紫砂壶，用以泡茶；若深杯，用于饮茶的品茗杯。冲泡工夫茶，包含二十一道程序，形式独特鲜明，

紫砂壶

节奏快慢相承，张弛有度。冲泡过程讲究水温、节奏，品饮过程注重礼仪谦让，宾主相敬，长先幼后，彰显和谐圆融的精神。

福建制茶技术的传播，突破了地理的局限，以茶为纽带，联结中国江南、华南茶区，并纵深至西南茶区；并走向世界，沿着万里茶路、海上丝绸之路，留下福建发酵茶制作技术的印记。

二、万里茶道起点

明以前，福建茶是联接中央与地方的纽带，即以贡茶的角色闻名天下。明以后，它的角色开始转变。1514 年，葡萄牙人从海路到达亚洲市场，破坏以往的贸易模式，促使东西方贸易市场化，并使新的贸易模式成为东西方文化交流的载体。西方资本主义介入后，积极开拓商贸道路，以武夷茶为代表的闽茶由此登上世界舞台。

茶叶生产销售过程是生产经验、品质鉴赏和评价的传播过程。茶贩—批发商—行商构成生产与销售链的载体，是他们完成茶叶从生产到集散的过程，最后由行商卖给外商。武夷茶先经江西信江、鄱阳湖、长江、汉水，从河南、山西运往俄罗斯；但在 17 世纪以后，闽北的茶贸易方向另辟蹊径，即转向东南沿海和福州，由那里的茶行收购茶叶，而且进入省城福州的通行证、销售定价一概委之于茶行。福州的茶行既是中介，又是传播茶叶产销信息的机构。

（一）茶市与茶路

1. 以下梅、星村与赤石为中心的茶市

下梅、星村与赤石的茶叶贸易因茶路的兴衰而变迁。特别是海上茶叶之路的发展，位于九曲溪之末的星村、崇阳溪畔的赤石占据地理优势，便于茶叶的运输，下梅因而没落。星村与赤石的贸易盛景被誉为"小苏州"和"小上海"。

星村位于武夷山九曲溪畔，有"茶不到星村不香"的美誉。清代梁章钜《归田琐记》："武夷九曲之末为星村，鬻茶者骈集交易于此。多有贩他处所产，学其焙法，以赝充者，即武夷山下人亦不能辨也。"红茶在这里创制，成为小种红茶的产制中心，故小种红茶也称为"星村小种"。而桐木关一带，品质优异则称为"正山小种"。清末民初，这里已有精茶制作手工工场48家。其中规模最大的一家称为"炳记"，拥有工人700名，年产量为1500箱（每箱30斤装）。

星村还是外山茶、江西乌的集散地，如光泽的干坑茶，就送到星村茶行再加工，茶行老板仅将毛茶齿切、过筛、拼配等简单精加工后，用麻雀船运往福州转口外销，能获利数倍，生财万贯。以至于后来茶商为了争夺精加工原料，竞争市场，追求利润，往往事先雇工将银元送到茶农手中。当地人相传：星村茶市盛时，星村街上的银元叩击声连绵不断。当时，星村茶市流行的货币是银元，茶商与茶农为检验其真伪，将它们在街路的鹅卵石上叩击，听声音辨真假。

赤石以贸易青茶为主，数十家大小各茶号驻扎于赤石，依籍贯可为如下各帮：如粤人在赤石营制有广帮，如宁泰、生泰、金泰、谦记、怡兰等茶号；潮州人则有潮帮，如协盛、美盛、名记等茶号；漳厦各县则有下府帮，如奇苑、集泉等茶号；莆仙人则有兴化帮；崇安本县则有本地帮，如余隆兴、王松春等。当时的红茶、青茶行销南洋各岛及厦漳泉等地。如今，民间仍保存着清代中期的茶叶图章，如"瑞泉提丛水仙奇种""瑞泉岩上小种""珠西岩顶上奇种""流香涧上小种""竹窠顶上上名种""天心岩大红袍奇种""霞滨铁罗汉奇种"，等等，涵盖岩厂、品种、分类等信息，是武夷茶外贸的重要见证。

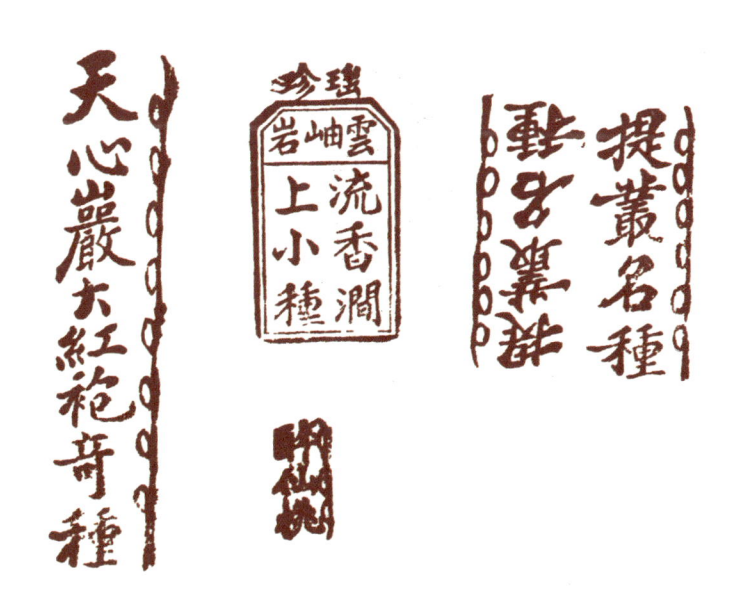

茶叶图章

2. 茶叶贸易陆路与海路的延伸

武夷地区的茶叶与其他地方产的茶叶汇集，联接了中蒙俄万里茶道与海上茶叶之路。以下介绍两条茶路的路径与兴衰的基本情况。

（1）中蒙俄万里茶道

清初，茶业均由西客经营，康熙年间，山西茶帮来到福建武夷山下梅，收购茶叶，建厂制茶。盛时每日行筏三百艘，转运不绝。雍正五年（1727）中俄《恰克图界约》的签订，为两国商队货物的贸易提供了便利条件。武夷茶由赤石启程，经分水岭，抵江西铅山河口，下信江，过鄱阳湖，溯长江到达汉口。后穿越河南、山西、河北、内蒙古，从伊林（今内蒙古二连浩特）进入今蒙古国境内。穿越沙漠戈壁，经库伦（今蒙古国乌兰巴托）到达通商口岸恰克图（今属俄罗斯）。从恰克图在俄罗斯境内延伸，并延展到中亚和欧洲其他国家。这就是联结中蒙俄的"万里茶道"。

"同聚义"茶号戳记(洛阳万里茶道博物馆藏　代永生/摄)

输俄茶叶以红茶为大宗,多是福建武夷山地区出产,由山西商人主导,前往福建采购,由万里茶路外销。据《清稗类钞》记载:在这条茶路上,有车帮、马帮、驼帮。夏秋两季运输以马和牛车为主,每匹马可驮80公斤,牛车载250公斤。由张家口至库伦马队需40天以上,牛车需行60天。冬春两季由骆驼运输,每峰可驮200公斤,一般行35天可达库伦,然后渡依鲁河抵达恰克图。运至恰克图后,可在7~8月由俄国商队贩运回国,否则9月以后,西伯利亚冰封雪冻,将耽误至来年初夏。

乾隆二十年(1755)后,恰克图贸易日渐兴盛,俄国嗜好中国茶的人日益增多,饮茶之风盛行,有专门饮茶的茶具——茶炊。从19世纪40年代起,茶叶贸易已居恰克图输俄贸易商品中的首位,每年3000余吨。起先由晋商输往俄国的茶叶有福建武夷茶、安徽茶和湖南茶,后来以红茶、砖茶、帽盒茶三者为多,主要来自湘鄂安化、咸宁等地。

恰克图贸易的迅速衰落始于1862年签订的《中俄陆路通商条约》。鸦片战争以后，福州逐渐成为茶叶贸易的口岸。俄商到福州购茶、制茶直接改变了中国境内茶叶输俄的路线。俄商所需的武夷茶原本由山西商人转贩加工，从闽北经江西、湖北往张家口的输俄茶叶之路，后改为从武夷山将茶叶沿闽江运到福州加工为砖茶，再海运到天津，而后陆运经张家口运到恰克图的路线。显而易见，由福州海运至天津成本低廉且快捷，原来山西商人越闽赣分水关从陆路翻山越岭运茶的生意限于成本，自然无法继续。

（2）海上茶叶之路

19世纪40年代，随着《南京条约》的签订，五口通商，北上的"万里茶路"为海上茶叶之路取代。赤石因临崇阳溪，倚得天独厚的地理优势，成为崇安地区的茶市中心。为了控制茶市，最大限度地掠夺武夷茶叶，福州各洋行雇佣买办深入茶区，搜购茶叶。其基本组织是茶贩与内地茶庄，其基本贸易模式为内地茶庄通过茶贩向茶农收购茶叶。或就地焙制加工，包装后运回福州；或直接运回福州，再加工包装。所搜购的武夷茶，从赤石码头启运，用小民船装载，沿着崇阳溪经建阳至建瓯。在建瓯改换大民船，沿溪至南平，再换装汽船，或直到福州。从福州出发，经过交趾沿岸、婆罗洲沿岸、阿比海道、加斯帕海峡、安佳而横渡印度洋抵达好望角（需时44至54日），再航行10至14日到达圣赫勒拿，然后经亚森欣岛（约3至4日）、跨过赤道（约3至4日），抵达圣安东尼万底角（约7至9日），再以1日的时间经过弗洛勒斯，又航行13至17日而经过西大不列颠岛，再继续前进6日到达英吉利海峡，然后经过圣加德林岛到达伦敦码头。1869年改变了上述航线。这是因为苏伊士运河的开通，使得船只不用再远绕好望角而缩短了海路。以前最快者

仍需时99日，大致为110至120日。1870年以后，则仅需55至60日，并且危险减少。

1840年后，英国皇家园艺学会温室部主任罗伯特·福钧受英女皇和东印度公司派遣潜入武夷山，偷运大量茶籽经四川、西藏到印度大吉岭，从此英国人在印度、斯里兰卡大量种茶，逐渐取代中国茶。包括武夷茶在内的中国茶遂在世界茶叶市场上衰落，一时辉煌的万里茶道和海上茶叶之路成为历史。

福州茶港（日本东洋文库所藏莫理循之影集 Album of Hongkong, Canton, Macao, Amoy, Foochow vol.1）

（二）西人对福建茶的接受

与佛教僧侣曾把茶带到朝鲜半岛、日本一样，耶稣会教士在茶的传播方面亦起了推动作用。他们来中国传教，见识了茶这种饮料的疗效，于是将之带回本国。1560年，葡萄牙传教士克鲁兹著文专门介绍中国茶，而威尼斯教士贝特洛则说："中国人以某种药草煎汁，用来代酒，

▲哥德堡号沉船茶样（中国茶叶博物馆藏　代永生/供图）

◀罗伯特·福钧《两访中国茶乡》插图——武夷红茶产区

能保健防疾，并且免除饮酒之害。"早期，茶叶进入欧洲时，是以有广大疗效的神秘饮料现身，价格昂贵，只有豪门富商才享用得起。彼时英国皇室成员对茶的狂热吹捧，使茶在英国被视为"国饮"，为饮茶塑造了高贵的形象。

1. 神秘液体的启蒙

1514年，勇于探险的葡萄牙人开辟海上航线，第一次由马六甲来到中国。当时的明朝政府一开始将他们拒之海上。1557年，葡萄牙在中国取得澳门作为贸易据点，这段时间，商人和水手携带少量的中国茶回国。1644年英国东印度公司开展厦门贸易后便称茶为tea。

托马斯·伽威（Thomas Garway）第一次介绍了茶之药效以及饮茶的好处，并张贴大幅广告，广告内容是："绝佳的被所有医生认可的中国饮料，中国人称之为cha，其他国家称之为tay，别名tee，在这家位于伦敦皇家交易所旁的斯威汀巷（Sweetings Rents，又称

Sweetings Alley）中的咖啡馆'苏丹娜之首'有售。"到 1686 年，英国国会议员 T. 波维（T. Povey）将一系列原载于中文资料的有关茶的医疗效果介绍到欧洲。19 世纪后期，西欧宗教及医药业者大量介绍中国茶，一些医生有很多论文和诗颂扬茶的好处，称之为"来自亚洲的天赐圣物"，是能够治疗偏头痛、痛风和肾结石的灵丹妙药。由于价格昂贵，茶在英国的传播很慢，是一种奢侈品。对于当时喝茶的人来说，茶作为一种药物在使用。他们对茶叶功能的认知有限，甚至关于茶叶分类也知之甚少，以为红茶是红茶树上的叶子，绿茶是绿茶树上的叶子。

1658 年 9 月 23—30 日新闻周刊《政治快讯》所刊登的托马斯·伽威茶叶销售广告

2. 贵族阶级的推动

饮茶习惯之传播，有上行则下效的规律。在欧洲茶风的弘扬中，首先必须提到的是 1662 年嫁给英王查理二世的葡萄牙公主凯萨琳，人称"饮茶皇后"。她虽不是英国第一个饮茶的人，却是带动英国宫廷和贵族饮茶风气的先行者。她陪嫁大量中国茶和中国茶具，很快在伦敦社交圈内形成话题并深获喜爱。在这样一位雍容高贵的皇后以身示范下，饮茶在英伦三岛迅速成为风尚。1663 年，在凯萨琳公主出嫁周年之际，诗人沃勒在贺诗中写道："花神宠秋色，嫦娥矜月桂。月桂与秋色，难与茶媲美。"

英式"下午茶"开始流行。18世纪初，贝德福德七世公爵夫人安娜·玛丽亚也以酷爱饮茶著名。她不但在王宫式的会客厅布置了茶室，邀请贵族共赴茶会，还特别请人制作高雅素美的银茶具、瓷器柜、小型移动式茶车等，呈现出了高雅精致的艺术风格。这种茶歇很快便成了当时的社会潮流。

3. 各个阶层的普及

18世纪30年代，快速帆船的运用，使茶叶进口量激增，价格也大幅下降。在英国社会各个阶层，无论男女老少，人均茶叶消费量超过了1磅。1751年，查尔斯·迪林（Charles Deering）在一本介绍诺丁汉郡的书中写道：

> 这里的人们可不是消费不起茶、咖啡和巧克力，尤其是第一种东西，喝茶已经普及到这种程度：不仅绅士和富有的商人经常喝，就连所有缝纫工、给衣服上浆的女工、卷垛布料的女工都要喝茶，每天早上都要美美地喝上一番……甚至就连普通的洗衣女工都认为，要是早餐没有茶和涂有热黄油的白面包，那就没有吃好……

喝茶成为一种最主要的社交活动，它改变了英国社会的节奏和用餐的本质。在上层和中层社会，早餐由先前是一个重头戏，要摄入肉和啤酒，变得清淡起来，只吃面包、蛋糕、果脯，以及喝热饮品，尤其是茶。有许多例子证明了茶对于西人的重要性，"关于茶对这个国家民众的社会影响，好处几乎说不完。它教化了粗野暴躁的家庭；让酗酒者不至于发生不测；对于许多可能面临极为凄凉境遇的母亲来说，茶则给她们提供了继续活下去的乐观平和的心态"。对于普通大众来说，"这不是很多人认为的他们生性节俭或愚蠢，而是痛苦的亲身体验告诉他们，只有茶能帮助他们忍受生活的艰辛"（艾伦·麦克法兰等《绿色黄金：茶叶帝国》）。而在第一次和第二次世界大战中，茶扮演了非常重要的角色，它为士兵补充体力，提振精神，安东尼·伯吉斯就断言："没有茶水，英国不可能打赢那场战争。"在全球化过程中，源于中国的饮茶习惯经陆路和海路传播到世界各个角落，但由于本身传统文化、环境的差异而产生了不同的饮茶文化。"西方是以英国为典型的红茶文化，此红茶文化飘逸着贵族的乔尔布亚的气息，带着重商主义的色彩，促使欧洲强权为了满足对红茶及其佐料蔗糖的需求，不惜伸展帝国主义魔掌，在当时所谓的'落后'地区一而再、再而三地制造殖民地，展开商品掠夺和人身买卖（奴隶）的活动。"（陈慈玉《近代中国茶业之发展》）以武夷茶为媒介的文化交流所产生的需求，重构了世界经济市场，引领了新的生活潮流。不仅扩大了茶叶种植与生产区域，还丰富了西人的饮食习俗，甚至在戒酒运动中、妇女解放潮流中，扮演过重要角色。

从最基本的生活需求上看，西欧人的饮食结构是以动物类菜品居多，主要是牛肉、鸡肉、猪肉、羊肉和鱼等，所摄取的动物蛋白质和脂肪过多。故当他们发现胡椒有防腐作用，丁香、豆蔻助消化，自然就千方百计想得到。同样，他们发现茶的功效后，也自然会竭力获取。茶不仅给他们带来身体健康，还有心理健康，使人轻松、愉悦，这就是中国茶叶文明的世界共同价值。

18世纪武夷茶（boheatea）茶叶罐

虽然西方社会依靠殖民地种茶、产茶，逐渐摆脱了中国茶叶的垄断，西人喝着印度茶、锡兰茶继续形成文化，巩固风尚，但不可否认的是，以福建茶为代表的中国茶与茶叶文明传播到西方，并开示了西人。他们在接受的过程中，与几千年以来中国人发现、利用茶的几个重要节点，如以茶为药用，以茶致和的茶道理念，契相暗合。可见，茶与人类的联接，除去历史时间的先后，有共同的规律。

三、闽茶侨销的古早乡味

福建的"侨销茶"以乌龙茶为主，包括武夷岩茶、安溪铁观音、永春佛手等。20世纪初，许多侨居在东南亚的福建人在当地经营茶行，以武夷水仙与安溪铁观音为主要品种。石亭绿茶也是"侨销茶"的一种，盛产于福建南安。不少侨胞在下南洋后将家乡的石亭绿茶销往马来西亚、新加坡、缅甸、菲律宾等国家和地区。这些茶，是南洋侨胞的乡愁与古早乡味。知名的茶号历史悠久，厦门林金泰茶行在清末就

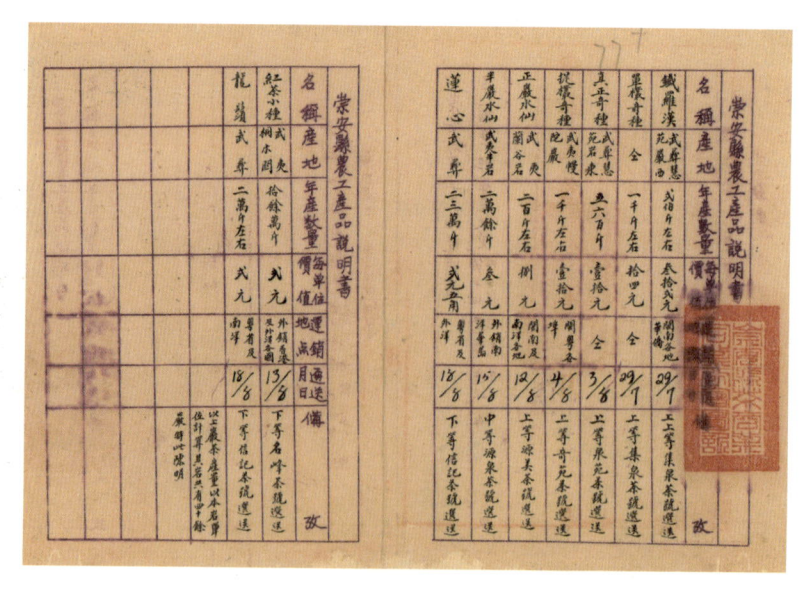

崇安县农工产品说明书·茶叶运销（1940）

由新加坡荣泰行代理；张源美茶行、傅泉馨茶行、王福美茶行的茶叶，分别由缅甸仰光的集发号杂货店、许胜兴商店和瑞源斋药店代理。随着需求量的加大，专业的茶叶店也应运而生。

新、马地区自早以来就是乌龙茶主要销区之一，据张水存《中国乌龙茶》介绍，20世纪初，安溪人高铭发、高芳圃、张馨美等在新加坡开设茶庄。1928年，新加坡茶商公会成立时，会员有22家，即林和泰、茂苑、白三春、林金泰、锦祥栈、宜香、林谦泰、杨瑞香、高芳圃、张馨美、源崇美、金龙泰、高铭发、高盛泰、东兴栈、黄春生、李光华、陈英记、天香、林合泰、奇香和广裕等茶庄、茶行，以林金泰茶行业务最发达。马来西亚的茶业，是从新加坡延伸发展起来的。高泉发茶行是吉隆坡创办比较早的茶店，业务也比较发达，其"四季香"名茶遍销于全马。20世纪50年代初创办的华峰茶行，其"独树香"颇受市场欢迎。1960年，新、马地区的一些茶行联合组织"岩溪茶行有限公司"负责向厦门茶叶进出口公司统购散装乌龙茶，会员

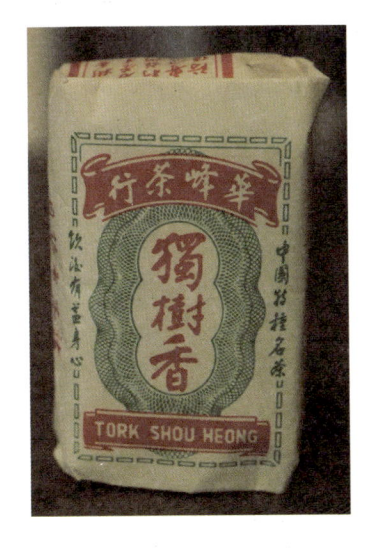

华峰茶行独树香（刘宏飞／供图）

南洋销售的福建茶传统手工包：四方包、四角泡及三角泡，包好的50包四角泡或三角泡可放进铁桶中销售（黄宇琛／供图）

众多。1965年，新加坡宣布独立后，岩溪茶行有限公司分为"新"与"马"两公司。其间有印尼禁止华茶入口、提高茶叶进口税率等波折，然由于厦门茶叶进出口公司对茶叶出口采取了有力的措施，仍使乌龙茶的销售量得到较大的提升。

1918年，安溪人张彩山、张彩凤、张彩南、张彩云四兄弟在安溪成立张源美茶行，以"白毛猴"为商标，随后张氏兄弟在缅甸仰光也挂起张源美茶庄牌号，设立茶叶批发场所，申请注册"白毛猴"商标，开始了大规模拓展时期。20世纪初，张源美茶行独霸缅甸市场，成为当地最大的茶叶进口商和销售商。为了适应业务发展，张氏兄弟于1932年在厦门创立了茶叶转口和加工场所，提高生产、运输和销售能力。同时，张氏兄弟重视茶叶货源的稳定与可靠，自1939年起便在武夷山区购置名岩与茶厂。张源美茶行"白毛猴"商标茶叶在缅甸家喻户晓，茶行所坚持的"茶质有偏，必即以新换旧"的商业道德和重视质量信誉的做法，也使得外来的茶行无法与之抗衡。

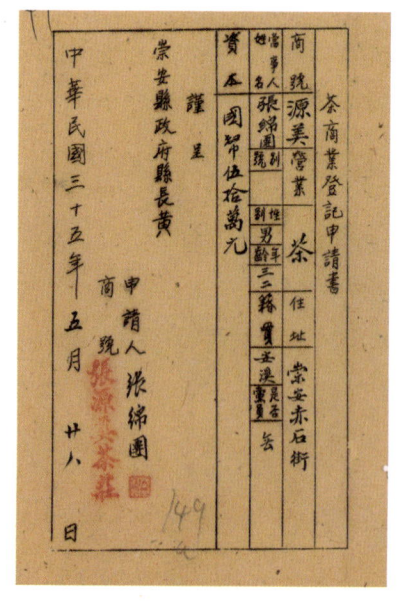

张源美茶庄茶商业登记申请书　　　张源美茶行广告

清乾隆四十六年（1781），施大成在福建省惠安县城霞梧街创办"集泉茶庄"，所经营的以"铁罗汉"最为有名，因其滋味甘醇，可生津消食，迅速畅销，并远销南洋诸地。在1890年到1931年前后，惠安县发生两次瘟疫，很多患者都喝了集泉茶庄的铁罗汉得以痊愈。民国十三年（1924），集泉购下武夷名厂慧苑岩，下设分囿专事栽培、初制及收购，市场继续拓展，并在晋江一带开设分店。为了抑制和甄别市面上的假冒产品，民国二十年（1931），集泉茶庄设计"龙雀商标"向国民政府申请注册。

铁罗汉，作为曾经的"侨销茶"，在20世纪80年代以来很长一段时间内，仅用于出口，承担着为国家出口创汇之责，由此也承载起海外华侨眷恋故乡的赤子情意。1987年，有份福建省对外贸易公司开具的介绍函如此介绍铁罗汉：

1987年福建对外贸易公司开具铁罗汉介绍函

福建省惠安集泉茶庄生产的传统合庄"铁罗汉"茶，近年来由我部出口日本、（中国）香港、新加坡等国家和地区，该产品质量稳定，品质优异，色、香、味俱全，包庄古色古香，美观大方，甚得外商好评。因此信誉日盛，畅销海内外，是一种创汇活力高的茶叶品种，居同行业同类产品之冠，可与其他优质茶叶比美，甚值称赞。

手工包茶——铁罗汉（图源：中国福建茶叶公司《中国福建茶叶》）

1987年铁罗汉审评单（陈椽、吴雪原 审评）

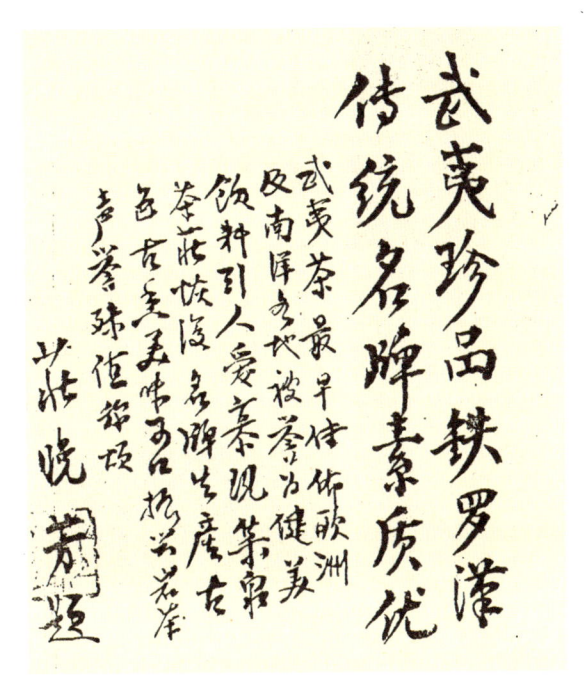

庄晚芳题词

同样源自泉州的张泉苑，创立于1813年，其锡罐装和纸包装"水仙种"闻名遐迩。这家茶行主要经营乌龙茶兼营少量的石亭绿茶，消费对象大部分是华人。这些茶品，带去的不仅是一杯茶汤，更是连结海外华人华侨与祖国、故乡的情感纽带。

华人茶商在海外经营生意的同时，还将饮茶文化与当地社会饮食环境融合，肉骨茶为其中一例。肉骨茶不但美味，而且营养丰富，能提供所需的能量，并能抗风寒，很快在当时的南洋劳工间流传开来。而肉骨茶和茶之间的关联，则是因其浓油赤酱，需以浓茶解腻。如今，这种茶食一体的吃法，仍盛行于新加坡、马来西亚地区。

茶，是福建的一张名片，茗香似佳人，韵味隽永。未来将有更多的人走在茶路上，以茶为媒，呈现福建风土本味，传承非遗文化，发扬茶人精神，传递一缕茶香、一份情谊。

◀ 集泉茶庄——水仙种（溪谷留香茶书院 藏）

▼ 石亭绿茶（图源：中国福建茶叶公司《中国福建茶叶》）

▲ 新加坡肉骨茶（刘婧奕／供图）

参考文献

著作类

福建省政府建设厅，编.福建省建设报告：福建茶产之研究（第十册）[M].福建省政府建设厅，1936.

吴觉农，范和钧.中国茶业问题[M].上海：商务印书馆，1937.

福建省农业改进处茶业改良场，编.三年来福安茶业的改良[M].福建省农业改进处茶业改良场，1939.

福建省茶叶学会，编.福建名茶（第一辑）[M].福州：福建科学技术出版社，1980.

福建省农科院茶叶研究所，编.茶树品种志[M].福州：福建人民出版社，1980.

陈祖椝，朱自振，编.中国茶叶历史资料选辑[M].北京：农业出版社，1981.

中国福建茶叶公司，编.中国福建茶叶[M].香港：香港新中国新闻有限公司，1991.

浙江农业大学茶学系，编.庄晚芳茶学论文选集[M].上海：上海科学技术出版社，1992.

福建省博物馆，编.福建历史文化与博物馆学研究［M］.福州：福建教育出版社，1993.

〔明〕何乔远. 闽书 [M]. 福州：福建人民出版社，1994—1995.

程启坤，庄雪岚，主编. 世界茶叶 100 年 [M]. 上海：上海科技教育出版社，1995.

陈橼. 陈橼论文选 [M]. 合肥：安徽科学技术出版社，1998.

关剑平. 茶与中国文化 [M]. 北京：人民出版社，2001.

吴觉农，主编. 茶经述评 [M]. 北京：中国农业出版社，2005.

袁弟顺，编著. 中国白茶 [M]. 厦门：厦门大学出版社，2006.

福建省茶叶学会茶文化研究分会，编. 漫话福建茶文化 [M]. 福州：海风出版社，2006.

徐晓望，主编. 福建通史 [M]. 福州：福建人民出版社，2006.

林光华，编著. 茶界泰斗张天福画传 [M]. 福州：海潮摄影艺术出版社，2006.

陈橼，编著. 茶业通史：第二版 [M]. 北京：中国农业出版社，2008.

余悦. 事茶淳俗 [M]. 上海：上海人民出版社，2008.

杨江帆，等，编著. 福建茉莉花茶 [M]. 厦门：厦门大学出版社，2008.

福建省茶叶学会，福建省农业科学院茶叶研究所，编. 张天福选集 [M]. 内部印刷，2009.

徐晓望. 闽北文化述论 [M]. 北京：中国社会科学出版社，2009.

朱自振，沈冬梅，增勤，编著. 中国古代茶书集成 [M]. 上海：上海文化出版社，2010.

周玉璠，冯廷佺，周国文，吕宁，编著. 闽茶概论 [M]. 北京：中国农业出版社，2013.

肖坤冰. 茶叶的流动：闽北山区的物质、空间与历史叙事 [M]. 北京：北京大学出版社，2013.

戈佩贞，编著. 伴茶六十春 [M]. 福州：福建科学技术出版社，2014.

万秀锋，刘宝建，王慧，付超. 清代贡茶研究 [M]. 北京：故宫出版社，2014.

蔡清毅. 闽台传统茶生产习俗与茶文化遗产资源调查 [M]. 厦门：厦门大学出版社，2014.

陈宗懋，甄永苏，主编．茶叶的保健功能 [M]．北京：科学出版社，2014．

屠幼英，乔德京，主编．茶多酚十大养生功效 [M]．杭州：浙江大学出版社，2014．

方健，汇编校证．中国茶书全集校证 [M]．郑州：中州古籍出版社，2015．

廖宝秀．芳茗远播：亚洲茶文化 [M]．台北故宫博物院，2015．

福建省图书馆，编．闽茶文献丛刊 [M]．北京：国家图书馆出版社，2016．

赖少波，主编．建瓯茶志 [M]．福州：福建科学技术出版社，2017．

林殿阁，主编．漳州市茶志 [M]．北京：中国文史出版社，2017．

福建省茶叶学会，编．郭元超茶学文选 [M]．北京：中国农业出版社，2017．

徐晓望．中国福建海上丝绸之路发展史 [M]．北京：九州出版社，2017．

徐晓望．福建文明史 [M]．北京：中国书籍出版社，2017．

郭莉．福建茶文化读本 [M]．福州：海峡文艺出版社，2018．

张水存．中国乌龙茶 [M]．厦门：厦门大学出版社，2018．

政和县人民政府，编．政和茶志 [M]．福州：海峡书局，2018．

（英）艾伦·麦克法兰，（英）艾丽斯·麦克法兰．绿色黄金：茶叶帝国 [M]．扈喜林，译．周重林，校．北京：社会科学文献出版社，2018．

刘勤晋，编著．溪谷留香：武夷岩茶香从何来：第二版 [M]．北京：中国农业出版社，2019．

刘勤晋，主编．茶文化学：第三版 [M]．北京：中国农业出版社，2019．

泉州市农业农村局，编．泉州茶志 [M]．厦门：厦门大学出版社，2019．

《尤溪茶志》编委会，编．尤溪茶志 [M]．福州：福建科学技术出版社，2019．

福建省标准化研究院，海峡两岸茶业交流协会，编著．福建名茶冲泡与品鉴 [M]．福州：福建科学技术出版社，2019．

《南平茶志》编纂委员会，编．南平茶志 [M]．福州：福建科学技术出版社，2019．

陈兴华，主编．福鼎白茶 [M]．福州：福建科学技术出版社，2019．

周玉璠，吴洪．天山绿茶 [M]．福州：福建科学技术出版社，2019．

黄锦枝，黄集斌，吴越，编. 武夷月明：武夷岩茶泰斗姚月明纪念文集 [M]. 昆明：云南人民出版社，2019.

叶国盛，主编. 中国古代茶文学作品选读 [M]. 上海：复旦大学出版社，2020.

张渤，卢莉，主编. 武夷红茶 [M]. 上海：复旦大学出版社，2020.

张渤，王芳，主编. 武夷岩茶 [M]. 上海：复旦大学出版社，2020.

王镇恒. 茶学名师拾遗 [M]. 北京：中国农业出版社，2020.

林楚生. 潮汕工夫茶源流考 [M]. 广州：华南理工大学出版社，2020.

刘馨秋. 中国农业的"四大发明"：茶叶 [M]. 北京：中国科学技术出版社，2021.

廖宝秀. 乾隆茶舍与茶器 [M]. 北京：故宫出版社，2021.

肖坤冰. 人类学观"茶" [M]. 北京：民族出版社，2021.

周东平. 中国茶文化史 [M]. 福州：海峡文艺出版社，2021.

叶乃兴，主编. 白茶科学·技术与市场 [M]. 北京：中国农业出版社，2021.

刘章才. 英国茶文化研究（1650-1900）[M]. 北京：中国社会科学出版社，2021.

陈慈玉. 生津解渴：中国茶叶的全球化 [M]. 北京：商务印书馆，2021.

张先清. 绿雪芽：一部白茶的文化志 [M]. 郑州：河南文艺出版社，2021.

穆祥桐，范毓庆，孙建. 穆茗而来：与穆老师品茶 [M]. 北京：中国农业出版社，2022.

杨多杰. 吃茶趣：中国名茶录 [M]. 北京：生活·读书·新知三联书店，2022.

叶国盛，辑校. 武夷茶文献辑校 [M]. 福州：福建教育出版社，2022.

《龙岩茶志》编纂委员会，编. 龙岩茶志 [M]. 北京：方志出版社，2022.

王亚民，陈丽华，编. 故宫贡茶图典 [M]. 北京：故宫出版社，2022.

沈冬梅. 茶的极致：宋代点茶文化 [M]. 上海：上海交通大学出版社，2023.

杨多杰.茶的精神：宋代茶诗新解[M].北京：中华书局，2023.

刘勤晋，周才琼，叶国盛.学茶入门[M].北京：中国农业出版社，2023.

王丽，主编.茶艺学[M].上海：复旦大学出版社，2023.

张渤，叶国盛，主编.宋代点茶文化与艺术[M].上海：复旦大学出版社，2023.

中国茶叶博物馆，编著.包静，主编.茶中日月长：亚洲茶文化[M].杭州：浙江古籍出版社，2023.

刘勇.中国茶叶与近代欧洲[M].北京：社会科学文献出版社，2023.

康健，编.近代茶文献汇编[M].北京：国家图书馆出版社，2023.

金穑.茶坐标——标杆千年福建茶[M].福州：海峡书局，2023.

《福建茶志》编纂委员会，编.福建茶志[M].福州：福建科学技术出版社，2023.

刘宝顺，编著.中国十大茶叶区域公用品牌之武夷岩茶[M].北京：中国农业出版社，2024.

杨智深.穆如茶话：杨智深茶学存稿[M].香港：三联书店（香港）有限公司，2024.

廖存仁.廖存仁茶学存稿[M].刘宝顺，叶国盛，校注.福州：福建教育出版社，2024.

林馥泉.武夷茶叶之生产制造及运销[M].刘宝顺，叶国盛，校注.福州：福建教育出版社，2025.

论文类

肖梦龙，刘兴.镇江市南郊北宋章岷墓[J]文物，1977(03)：55-58+84.

徐晓望.清代福建武夷茶生产考证[J].中国农史，1988(02)：75-81.

郑学檬，袁冰凌.福建文化传统的形成与特色[J].东南文化，1990(03)：6-10.

郑学檬，袁冰凌.福建文化内涵的形成及其观念的变迁[J].福建论坛：文史哲版，1990(05)：70-75.

刘祖生. 我国高等茶学教育体系的创建与发展——纪念当代茶圣吴觉农诞辰 100 周年 [J]. 茶叶，1997(02)：18-20.

方健. 宋代茶书考 [J]. 农业考古，1998(02)：269-278.

王镇恒. 一代茶宗永留芳——记恩师陈椽教授 [J]. 茶业通报，2000(02)：4-5.

杨伟丽，肖文军，邓克尼. 加工工艺对不同茶类主要生化成分的影响 [J]. 湖南农业大学学报：自然科学版，2001(5)：384-386.

郑廼辉. 茶人的足迹——张天福茶学成就 [J]. 福建茶叶，2003(03)：60-61.

虞文霞. 从《大观茶论》看宋徽宗的茶文化情结及宋人茶道 [J]. 农业考古，2005(02)：60-64.

郭雅玲. 茉莉花茶品饮与保健 [J]. 福建茶叶，2005(04)：42-43.

胡长春. 陆廷灿《续茶经》述论 [J]. 农业考古，2006(02)：260-263.

刘祖生，王家斌. 论吴觉农茶学思想及其现实意义——纪念当代茶圣吴觉农诞辰 110 周年 [J]. 茶叶，2007(03)：125-128.

陈丽华. 诏安八仙茶品质改良加工技术研究 [D]. 福建农林大学，2010.

刘锡涛. 清代福建茶叶的种植与分布 [J]. 中国茶叶，2012，34（09）：34-36.

陈兆善. 福建擂茶考古研究 [J]. 福建文博，2013（01）：24-31.

杨多杰.《续茶经》研究 [D]. 首都师范大学，2013.

刘珺，高水练，杨江帆. 茉莉花茶抗抑郁的效果 [J]. 福建农林大学学报：自然科学版，2014(02)：139-145.

潘健. 民国时期福建茶业的技术改良 [J]. 蚕桑茶叶通讯，2014(04)：36-37+39.

郑学檬. 武夷茶外销研究 [J]. 茶缘，2014（05）.

赵磊，郭义红. 民国时期福建茶业政治经济和教育科研状况 [J]. 农业考古，2016(02)：240-243.

杜钰，袁海波，陈小强，等. 红茶对胃肠道生理调节与疾病预防作用的研究进展 [J]. 茶叶科学 2017，37(01)：10-16.

蔡少辉，叶国盛.从"茶王公"信俗看安溪感德茶业转型[J].闽台文化研究，2017(03)：49-56.

佘燕文，朱世桂.庄晚芳与张天福茶学思想及其比较[J].农业考古，2017(05)：42-46.

罗婵玉.福建茶诗中的地域茶风与品饮艺术研究[D].福建农林大学，2017.

叶国盛，华杭萍，何长辉.福建地方志茶俗资料探析[J].福建茶叶，2017(12)：342-343.

梁月荣，等.终生探究一灵叶，奉献人类功不竭——纪念茶界泰斗庄晚芳先生110周年诞辰[J].茶叶，2018(04)：181-182.

叶国盛，程曦.风土的吟咏：竹枝词中的武夷茶[J].武夷学院学报，2018(08)：5-8.

叶国盛.武夷茶的对外传播[J].中华文化与传播研究，2019(01)：379-389.

解东超，戴伟东，林智.年份白茶中EPSF类成分研究进展[J].中国茶叶，2019(03)：7-10.

王新超，王璐，郝心愿，曾建明，杨亚军.中国茶树遗传育种40年[J].中国茶叶，2019（5）：1-6.

蔡少辉.福建茶区茗茶信俗研究[D].福建师范大学，2019.

林清霞，王丽丽，宋振硕，等.福建主要茶类的化学成分及其体外抗氧化活性评价[J].茶叶学报，2020(03):127-132.

叶国盛，陈思.宋代诗词中茶文化术语研究[J].美食研究，2020(04)：20-23+26.

林燕萍，张渤，郭雅玲."武夷茶主题游学"课程设计与实践[J].武夷学院学报，2020(07)：66-71.

戴伟东，解东超，林智.白茶功能性成分及保健功效研究进展[J].2021(04):1-8.

邵凌霞，刘馨秋，房婉萍.蔡襄《茶录》的特点及其呈现的宋代茶文化生

活特征 [J]. 农业考古，2022(02)：175-179.

宋丽，方静. 复旦大学茶学高等教育发展历史及影响探析 [J]. 中国茶叶加工，2022(2)：75-79.

徐菁菁. 福州天后宫"茶帮拜妈祖"信俗的历史变迁与当代价值 [J]. 炎黄地理，2022(12)：28-30.

张杨波. 茉莉花释香与精油窨制花茶工艺及花茶防抑郁作用研究 [D]. 湖南农业大学，2022.

赖江坤. 谋求复兴：近代福建茶业改良实践研究（1901—1949）[D]. 福建师范大学，2022.

刘勇. 欧洲的茶叶广告宣传 [J]. 世界文化，2023(11)：44-51.

陈金燕. 安溪铁观音的传统加工技术 [J]. 蚕桑茶叶通讯，2023(03)：37-39.

徐晶，朱世桂，刘馨秋. 近代福安茶业的历史地位探析（1910—1938）[J]. 农业考古，2023(05)：116-122.

叶国盛.《大观茶论》新校 [J]. 中国茶叶，2023(06)：71-75.

林立强，高超群. 政府干预与企业经营：企业史视域下的国营福建示范茶厂研究(1939—1942)[J]. 清华大学学报：哲学社会科学版，2023(05)：118-133+223-224.

占仕权，周启富，刘宝顺，等. 武夷岩茶传统制作技艺 [J]. 中国茶叶，2023(05)：28-36.

汪子田. 福建茶文化遗产的审美呈现研究 [D]. 集美大学，2023.

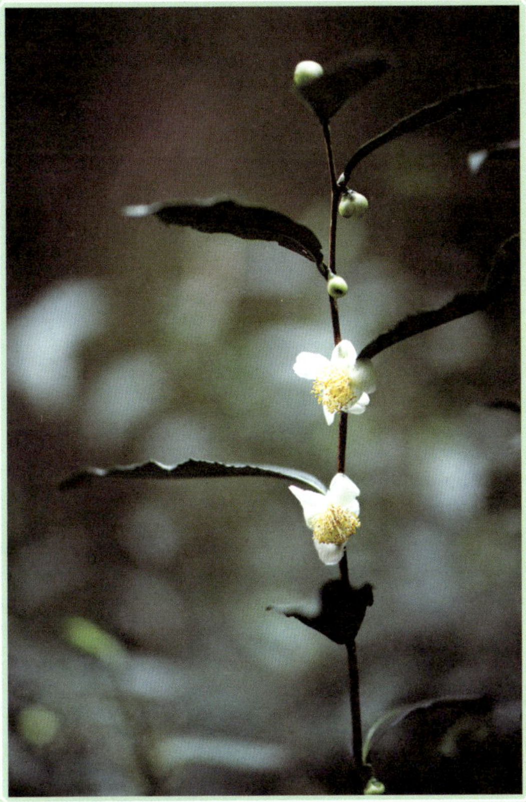